초등 수학의 기본은 연산력!!

신기한 연산왕

C-2 초3 수준

수학 학력 평가의 새로운 기준!

현직 교수, 박사급 출제위원!

빅데이터 평가분석!

1:1 KMA 평가 전문 상담!

KMA
한국수학학력평가

평가 일시 : 매년 상반기 6월, 하반기 11월 실시

참가 대상	초등 1학년 ~ 중등 3학년 (상급학년 응시가능)
신청 방법	1) KMA 홈페이지에서 온라인 접수 2) 해당지역 KMA 학원 접수처 3) 기타 문의 ☎ 070-4861-4832
홈페이지	www.kma-e.com

※ 상세한 내용은 홈페이지에서 확인해 주세요.

주 최 │ 한국수학학력평가 연구원 　　주 관 │ ㈜에듀왕

KMA 대비서

초등 수학의 기본은 연산력!!

신기한

연산왕

C-2 초3 수준

구성과 특징

원리+익힘

연산의 원리를 쉽게 이해하고 빠르고 정확한 계산 능력을 얻을 수 있도록 구성하였습니다.

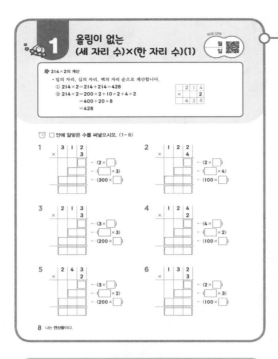

신기한 연산

연산 능력과 창의사고력 향상이 동시에 이루어질 수 있는 문제로 구성하여 계산 능력과 창의사고력이 저절로 향상될 수 있도록 구성하였습니다.

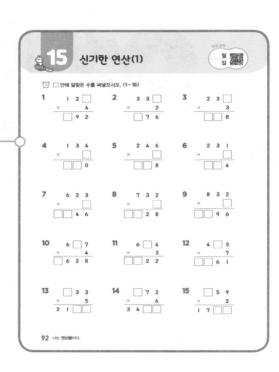

확인평가

단원을 마무리하면서 익힌 내용을 평가하여 자신의 실력을 알아볼 수 있도록 구성하였습니다.

크라운 온라인 단원 평가는?

크라운 온라인 평가는?

단원별 학습한 내용을 올바르게 학습하였는지 실시간 점검할 수 있는 온라인 평가 입니다.

- 온라인 평가는 매단원별 25문제로 출제 되었습니다
- 평가 시간은 30분이며 시험 시간이 지나면 문제를 풀 수 없습니다
- 온라인 평가를 통해 100점을 받으시면 크라운 1개를 획득할 수 있습니다.

온라인 평가 방법

에듀왕닷컴 접속	▶▶	메인 상단 메뉴에서	▶▶	단계 및 단원 선택
www.eduwang.com		단원평가 클릭		
신규 회원 가입 또는 로그인		닷컴 메인 메뉴에서 단원 평가 클릭		평가하고자 하는 단계와 단원을 선택

크라운 확인	◀◀	온라인 단원 평가 종료	◀◀	온라인 단원 평가 실시
마이페이지에서 크라운 확인 후 크라운 사용		종료 후 실시간 평가 결과 확인		30분 동안 평가 실시

유의사항

- 평가 시작 전 종이와 연필을 준비하시고 인터넷 및 와이파이 신호를 꼭 확인하시기 바랍니다
- 단원평가는 최초 1회에 한하여 크라운이 반영됩니다. (중복 평가 시 크라운 미 반영)
- 각 단원 평가를 통해 100점을 받으시면 크라운 1개를 드리며, 획득하신 크라운으로 에듀왕닷컴에서 판매하고 있는 교재 및 서비스를 무료로 구매 하실 수 있습니다 (크라운 1개 - 1,000원)

연산왕 단계별 학습 내용

A-1
(초1수준)
1. 9까지의 수
2. 9까지의 수를 모으고 가르기
3. 덧셈과 뺄셈

A-2
(초1수준)
1. 19까지의 수
2. 50까지의 수
3. 50까지의 수의 덧셈과 뺄셈

A-3
(초1수준)
1. 100까지의 수
2. 덧셈
3. 뺄셈

A-4
(초1수준)
1. 두 자리 수의 혼합 계산
2. 두 수의 덧셈과 뺄셈
3. 세 수의 덧셈과 뺄셈

B-1
(초2수준)
1. 세 자리 수
2. 받아올림이 한 번 있는 덧셈
3. 받아올림이 두 번 있는 덧셈

B-2
(초2수준)
1. 받아내림이 한 번 있는 뺄셈
2. 받아내림이 두 번 있는 뺄셈
3. 덧셈과 뺄셈의 관계

B-3
(초2수준)
1. 네 자리 수
2. 세 자리 수와 두 자리 수의 덧셈과 뺄셈
3. 세 수의 계산

B-4
(초2수준)
1. 곱셈구구
2. 길이의 계산
3. 시각과 시간

차례

1

곱셈과 나눗셈

1 올림이 없는 (세 자리 수)×(한 자리 수)(1)

⭐ 214×2의 계산

• 일의 자리, 십의 자리, 백의 자리 순으로 계산합니다.

① 214×2=214+214=428

② 214×2=200×2+10×2+4×2

=400+20+8

=428

		2	1	4
×				2
		4	2	8

⏰ □ 안에 알맞은 수를 써넣으시오. (1~6)

1

```
    3 1 2
×       3
```
□ ← (2 × □)
□ ← (□ × 3)
□ ← (300 × □)
□

2

```
    1 2 2
×       4
```
□ ← (2 × □)
□ ← (□ × 4)
□ ← (100 × □)
□

3

```
    2 1 3
×       3
```
□ ← (3 × □)
□ ← (□ × 3)
□ ← (200 × □)
□

4

```
    1 2 4
×       2
```
□ ← (4 × □)
□ ← (□ × 2)
□ ← (100 × □)
□

5

```
    2 4 3
×       2
```
□ ← (3 × □)
□ ← (□ × 2)
□ ← (200 × □)
□

6

```
    1 3 2
×       3
```
□ ← (2 × □)
□ ← (□ × 3)
□ ← (100 × □)
□

⏰ 계산을 하시오. (7 ~ 21)

7

```
    2 1 3
×       2
```

8

```
    1 2 3
×       3
```

9

```
    2 3 4
×       2
```

10

```
    4 1 2
×       2
```

11

```
    3 0 2
×       3
```

12

```
    2 2 3
×       3
```

13

```
    4 4 0
×       2
```

14

```
    4 3 2
×       2
```

15

```
    3 2 2
×       3
```

16 1 0 2 × 3 =

17 1 1 2 × 4 =

18 2 2 1 × 4 =

19 2 3 2 × 3 =

20 2 1 2 × 4 =

21 3 1 3 × 3 =

⏰ 계산을 하시오. (1~18)

1
```
   1 0 1
×      7
```

2
```
   2 0 1
×      4
```

3
```
   3 1 0
×      2
```

4
```
   1 2 1
×      3
```

5
```
   1 4 2
×      2
```

6
```
   1 3 3
×      3
```

7
```
   2 1 2
×      3
```

8
```
   1 1 2
×      4
```

9
```
   2 1 1
×      3
```

10
```
   4 0 2
×      2
```

11
```
   2 2 4
×      2
```

12
```
   3 2 1
×      3
```

13
```
   3 2 0
×      3
```

14
```
   4 2 3
×      2
```

15
```
   2 1 3
×      3
```

16
```
   4 1 2
×      2
```

17
```
   3 3 3
×      3
```

18
```
   2 4 3
×      2
```

🕐 계산을 하시오. (19~34)

19 $101 \times 6 =$ ☐

20 $110 \times 8 =$ ☐

21 $121 \times 4 =$ ☐

22 $122 \times 3 =$ ☐

23 $211 \times 3 =$ ☐

24 $212 \times 4 =$ ☐

25 $113 \times 3 =$ ☐

26 $241 \times 2 =$ ☐

27 $321 \times 2 =$ ☐

28 $313 \times 3 =$ ☐

29 $331 \times 3 =$ ☐

30 $343 \times 2 =$ ☐

31 $411 \times 2 =$ ☐

32 $424 \times 2 =$ ☐

33 $102 \times 4 =$ ☐

34 $231 \times 3 =$ ☐

1 올림이 없는
(세 자리 수)×(한 자리 수)(3)

□ 안에 알맞은 수를 써넣으시오. (1~10)

1 102
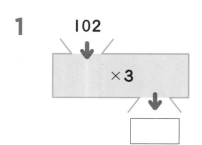
×3

2 202
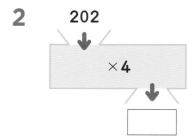
×4

3 112
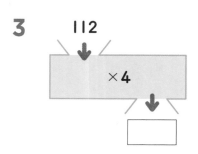
×4

4 132
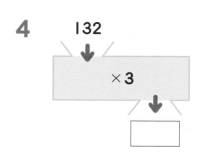
×3

5 213
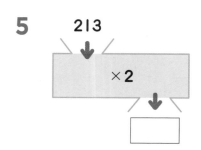
×2

6 303
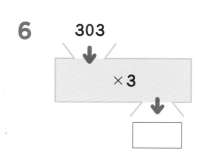
×3

7 212
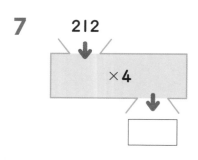
×4

8 312
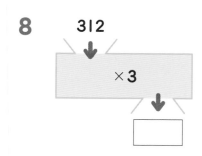
×3

9 414
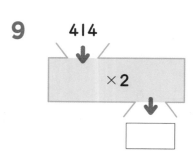
×2

10 123
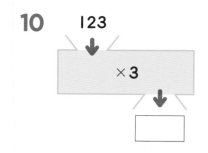
×3

계산은 빠르고 정확하게!

걸린 시간	1~5분	5~7분	7~10분
맞은 개수	20~22개	16~19개	1~15개
평가	참 잘했어요.	잘했어요.	좀더 노력해요.

⏰ 빈 곳에 알맞은 수를 써넣으시오. (11 ~ 22)

11
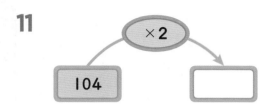

12
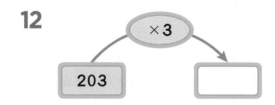

13
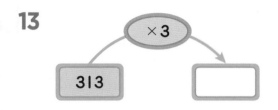

14
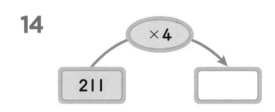

15
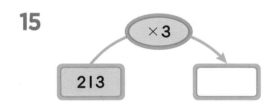

16

17
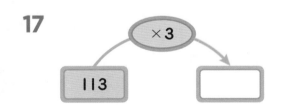

18
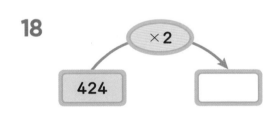

19
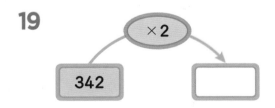

20
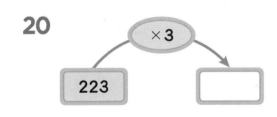

21
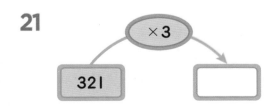

22
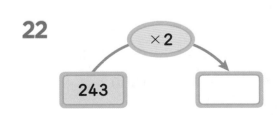

2

일의 자리에서 올림이 있는 (세 자리 수)×(한 자리 수)(1)

⭐ 327×2의 계산

• 일의 자리를 계산한 값이 10이거나 10보다 크면 십의 자리로 올림하여 계산합니다.
① 327×2=327+327=654
② 327×2=300×2+20×2+7×2
   =600+40+14
   =654

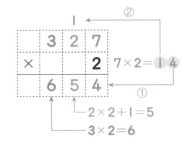

⏰ ☐ 안에 알맞은 수를 써넣으시오. (1~6)

1

```
    2 2 5
  ×     3
  ┌─────┐
  │     │ ← (5×☐)
  ├─────┤
  │     │ ← (☐×3)
  ├─────┤
  │     │ ← (200×☐)
  └─────┘
```

2

```
    1 1 4
  ×     5
  ┌─────┐
  │     │ ← (4×☐)
  ├─────┤
  │     │ ← (☐×5)
  ├─────┤
  │     │ ← (100×☐)
  └─────┘
```

3

```
    3 2 6
  ×     3
  ┌─────┐
  │     │ ← (6×☐)
  ├─────┤
  │     │ ← (☐×3)
  ├─────┤
  │     │ ← (300×☐)
  └─────┘
```

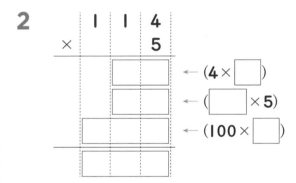

4

```
    2 1 6
  ×     4
  ┌─────┐
  │     │ ← (6×☐)
  ├─────┤
  │     │ ← (☐×4)
  ├─────┤
  │     │ ← (200×☐)
  └─────┘
```

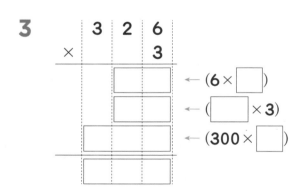

5

```
    4 3 8
  ×     2
  ┌─────┐
  │     │ ← (8×☐)
  ├─────┤
  │     │ ← (☐×2)
  ├─────┤
  │     │ ← (400×☐)
  └─────┘
```

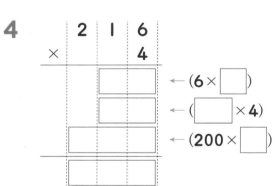

6

```
    2 2 9
  ×     3
  ┌─────┐
  │     │ ← (9×☐)
  ├─────┤
  │     │ ← (☐×3)
  ├─────┤
  │     │ ← (200×☐)
  └─────┘
```

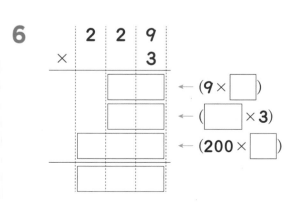

⏰ 계산을 하시오. (7 ~ 21)

7

```
    1 1 8
×       5
```

8

```
    1 0 4
×       6
```

9

```
    1 1 3
×       7
```

10

```
    2 1 5
×       4
```

11

```
    2 0 8
×       4
```

12

```
    2 2 6
×       3
```

13

```
    3 1 5
×       3
```

14

```
    3 2 9
×       2
```

15

```
    3 0 7
×       3
```

16 $439 \times 2 =$

17 $127 \times 3 =$

18 $428 \times 2 =$

19 $228 \times 3 =$

20 $219 \times 4 =$

21 $317 \times 3 =$

⏰ 계산을 하시오. (1~18)

1
```
    1 0 3
  ×     4
```

2
```
    3 1 6
  ×     3
```

3
```
    2 1 7
  ×     4
```

4
```
    2 2 6
  ×     2
```

5
```
    3 4 5
  ×     2
```

6
```
    1 1 7
  ×     5
```

7
```
    4 1 7
  ×     2
```

8
```
    2 4 7
  ×     2
```

9
```
    2 0 8
  ×     4
```

10
```
    4 0 6
  ×     2
```

11
```
    3 2 8
  ×     3
```

12
```
    2 1 9
  ×     4
```

13
```
    3 0 9
  ×     3
```

14
```
    3 4 8
  ×     2
```

15
```
    2 1 8
  ×     4
```

16
```
    3 1 8
  ×     3
```

17
```
    4 3 9
  ×     2
```

18
```
    1 2 6
  ×     3
```

⏰ 계산을 하시오. (19~34)

19 $102 \times 5 =$ ☐

20 $223 \times 4 =$ ☐

21 $349 \times 2 =$ ☐

22 $406 \times 2 =$ ☐

23 $129 \times 3 =$ ☐

24 $425 \times 2 =$ ☐

25 $305 \times 3 =$ ☐

26 $124 \times 3 =$ ☐

27 $326 \times 3 =$ ☐

28 $409 \times 2 =$ ☐

29 $228 \times 3 =$ ☐

30 $427 \times 2 =$ ☐

31 $328 \times 2 =$ ☐

32 $106 \times 7 =$ ☐

33 $239 \times 2 =$ ☐

34 $127 \times 3 =$ ☐

⏰ □ 안에 알맞은 수를 써넣으시오. (1~10)

1
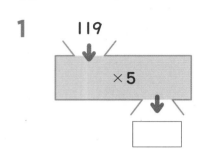

119
×5

2
104
×8

3
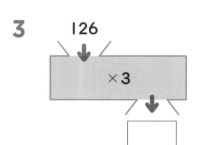

126
×3

4
139
×2

5
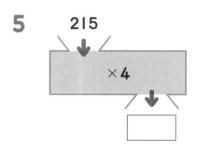

215
×4

6
326
×3

7
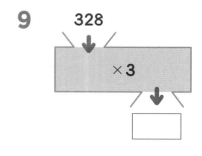

428
×2

8
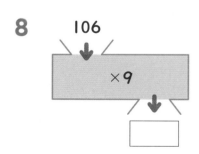

106
×9

9

328
×3

10
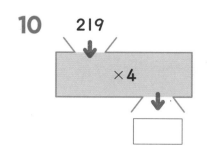

219
×4

계산은 빠르고 정확하게!

걸린 시간	1~6분	6~8분	8~10분
맞은 개수	20~22개	16~19개	1~15개
평가	참 잘했어요.	잘했어요.	좀더 노력해요.

빈 곳에 알맞은 수를 써넣으시오. (11 ~ 22)

11

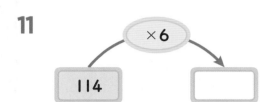

12

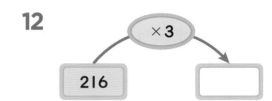

13

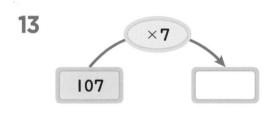

14

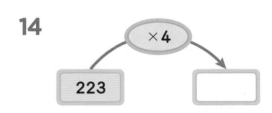

15

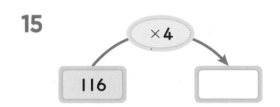

16

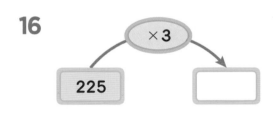

17

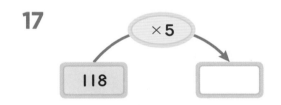

18

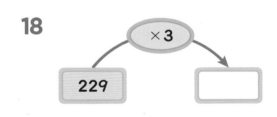

19

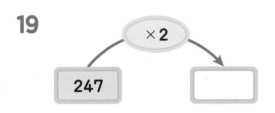

20

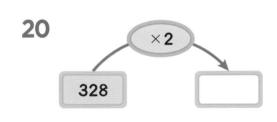

21

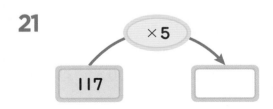

22

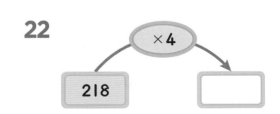

3 올림이 여러 번 있는 (세 자리 수)×(한 자리 수)(1)

☆ 762×2의 계산

• 각 자리를 계산한 값이 10이거나 10보다 크면 바로 윗자리로 올림하여 계산합니다.

① 762×2=762+762=1524
② 762×2=700×2+60×2+2×2
　　　　　 =1400+120+4
　　　　　 =1524

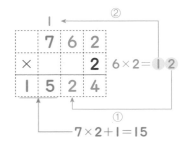

⏰ □ 안에 알맞은 수를 써넣으시오. (1~6)

1

```
    4 7 3
  ×     3
```
← (3 × □)
← (□ × 3)
← (400 × □)

2

```
    2 6 1
  ×     5
```
← (1 × □)
← (□ × 5)
← (200 × □)

3

```
    3 7 2
  ×     4
```
← (2 × □)
← (□ × 4)
← (300 × □)

4

```
    3 6 1
  ×     6
```
← (1 × □)
← (□ × 6)
← (300 × □)

5

```
    4 8 2
  ×     4
```
← (2 × □)
← (□ × 4)
← (400 × □)

6

```
    3 8 4
  ×     5
```
← (4 × □)
← (□ × 5)
← (300 × □)

계산을 하시오. (7 ~ 21)

7

	3	8	2
×			2

8

	2	9	3
×			3

9

	1	7	2
×			4

10

	4	5	1
×			6

11

	5	6	2
×			4

12

	6	7	3
×			3

13

	2	7	4
×			4

14

	3	5	7
×			5

15

	4	7	6
×			3

16 $162 \times 4 =$

17 $283 \times 3 =$

18 $371 \times 5 =$

19 $452 \times 4 =$

20 $564 \times 6 =$

21 $642 \times 7 =$

⏰ 계산을 하시오. (1~18)

1
```
  263
×   3
```

2
```
  192
×   4
```

3
```
  281
×   3
```

4
```
  352
×   4
```

5
```
  463
×   3
```

6
```
  593
×   2
```

7
```
  470
×   5
```

8
```
  532
×   4
```

9
```
  641
×   6
```

10
```
  542
×   6
```

11
```
  654
×   5
```

12
```
  763
×   4
```

13
```
  296
×   4
```

14
```
  374
×   5
```

15
```
  483
×   3
```

16
```
  645
×   7
```

17
```
  726
×   8
```

18
```
  846
×   9
```

⏰ 계산을 하시오. (19~34)

19 $342 \times 3 =$ ☐

20 $474 \times 2 =$ ☐

21 $463 \times 4 =$ ☐

22 $553 \times 5 =$ ☐

23 $521 \times 7 =$ ☐

24 $632 \times 6 =$ ☐

25 $645 \times 5 =$ ☐

26 $746 \times 7 =$ ☐

27 $286 \times 7 =$ ☐

28 $327 \times 6 =$ ☐

29 $493 \times 4 =$ ☐

30 $545 \times 8 =$ ☐

31 $629 \times 7 =$ ☐

32 $724 \times 5 =$ ☐

33 $716 \times 7 =$ ☐

34 $499 \times 9 =$ ☐

⏰ □ 안에 알맞은 수를 써넣으시오. (1~10)

1 162
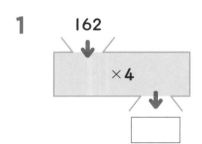
×4

2 283
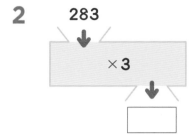
×3

3 374
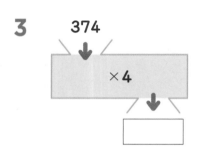
×4

4 428
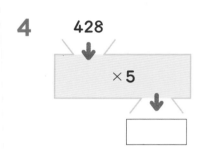
×5

5 532
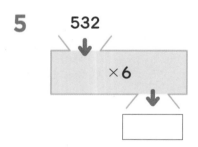
×6

6 629
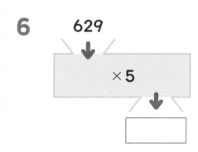
×5

7 637
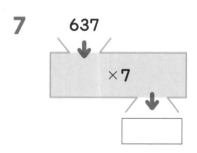
×7

8 724
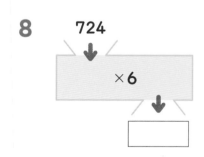
×6

9 823
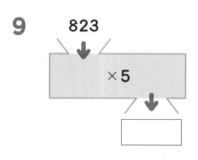
×5

10 926
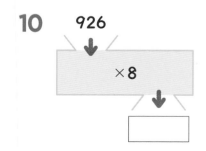
×8

계산은 빠르고 정확하게!

걸린 시간	1~8분	8~12분	12~16분
맞은 개수	20~22개	16~19개	1~15개
평가	참 잘했어요.	잘했어요.	좀더 노력해요.

⏰ 빈 곳에 알맞은 수를 써넣으시오. (11 ~ 22)

11

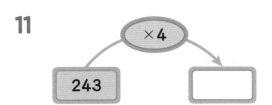

243 ×4 □

12

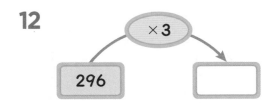

296 ×3 □

13

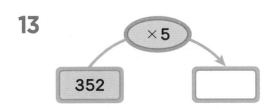

352 ×5 □

14

294 ×4 □

15

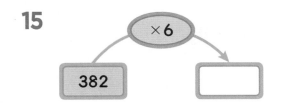

382 ×6 □

16

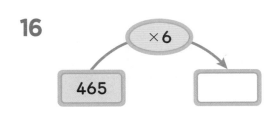

465 ×6 □

17

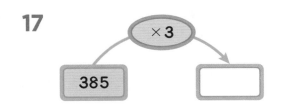

385 ×3 □

18

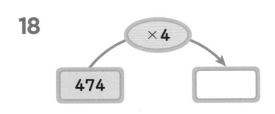

474 ×4 □

19

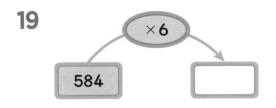

584 ×6 □

20

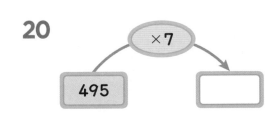

495 ×7 □

21

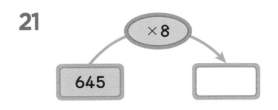

645 ×8 □

22

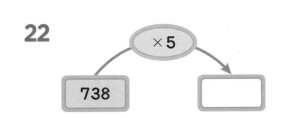

738 ×5 □

4 (세 자리 수)×(한 자리 수)의 가장 큰 곱과 가장 작은 곱

학습 날짜
월
일

⭐ 1 , 2 , 3 , 4 의 숫자 카드를 사용하여 (세 자리 수)×(한 자리 수)의 곱 구하기

⏰ 주어진 숫자 카드를 사용하여 (세 자리 수)×(한 자리 수)의 곱이 가장 큰 곱을 구하시오. (1~4)

1

| 2 | 3 | 4 | 5 |

☐ ☐ ☐
× ☐

2

| 2 | 4 | 6 | 8 |

☐ ☐ ☐
× ☐

3

| 3 | 5 | 7 | 9 |

☐ ☐ ☐
× ☐

4

| 5 | 2 | 9 | 6 |

☐ ☐ ☐
× ☐

⏰ 주어진 숫자 카드를 사용하여 (세 자리 수)×(한 자리 수)의 곱이 가장 작은 곱을 구하시오.

(5~10)

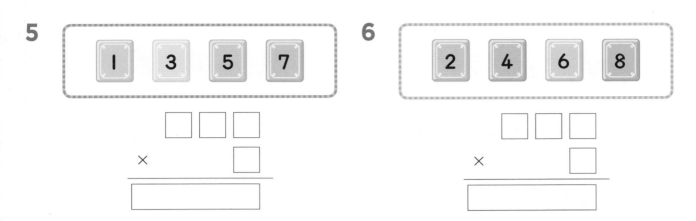

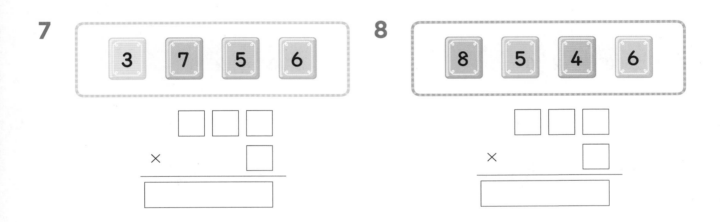

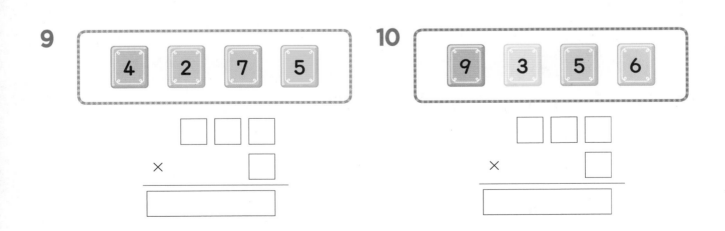

✿ 20×30의 계산
- 2×3의 곱에 0을 2개 붙여줍니다.

$$20 \times 30 = 600$$

$2 \times 3 = 6$

	2	0
×	3	0
6	0	0

✿ 23×30의 계산
- 23×3의 곱에 0을 1개 붙여줍니다.

$$23 \times 30 = 690$$

$23 \times 3 = 69$

	2	3
×	3	0
6	9	0

⏰ 계산을 하시오. (1~12)

1 2 0 × 1 0 =

2 1 0 × 3 0 =

3 2 0 × 2 0 =

4 3 0 × 2 0 =

5 4 0 × 1 0 =

6 2 0 × 4 0 =

7 3 0 × 5 0 =

8 4 0 × 6 0 =

9 6 0 × 3 0 =

10 5 0 × 4 0 =

11 7 0 × 4 0 =

12 8 0 × 7 0 =

⏰ 계산을 하시오. (13~30)

13

```
      2 0
  ×   3 0
```

14

```
      3 0
  ×   3 0
```

15

```
      4 0
  ×   2 0
```

16

```
      2 0
  ×   5 0
```

17

```
      3 0
  ×   9 0
```

18

```
      4 0
  ×   4 0
```

19

```
      5 0
  ×   6 0
```

20

```
      6 0
  ×   7 0
```

21

```
      7 0
  ×   3 0
```

22

```
      4 0
  ×   3 0
```

23

```
      5 0
  ×   8 0
```

24

```
      6 0
  ×   6 0
```

25

```
      7 0
  ×   5 0
```

26

```
      8 0
  ×   6 0
```

27

```
      9 0
  ×   7 0
```

28

```
      4 0
  ×   8 0
```

29

```
      5 0
  ×   9 0
```

30

```
      8 0
  ×   9 0
```

5 (몇십)×(몇십), (몇십몇)×(몇십)(2)

학습 날짜

월   일

⏰ 계산을 하시오. (1~16)

1 1 3 × 2 0 =

2 2 1 × 3 0 =

3 3 3 × 2 0 =

4 4 2 × 2 0 =

5 2 4 × 3 0 =

6 1 6 × 4 0 =

7 5 1 × 4 0 =

8 6 2 × 3 0 =

9 4 2 × 3 0 =

10 7 2 × 4 0 =

11 6 4 × 5 0 =

12 5 7 × 6 0 =

13 3 9 × 4 0 =

14 4 6 × 7 0 =

15 6 6 × 8 0 =

16 7 6 × 9 0 =

30 나는 **연산왕**이다.

⏰ 계산을 하시오. (17~34)

17

```
      2 3
  ×   2 0
```

18

```
      3 2
  ×   3 0
```

19

```
      4 3
  ×   2 0
```

20

```
      2 5
  ×   3 0
```

21

```
      1 7
  ×   4 0
```

22

```
      3 8
  ×   2 0
```

23

```
      4 3
  ×   3 0
```

24

```
      5 2
  ×   4 0
```

25

```
      6 1
  ×   5 0
```

26

```
      3 4
  ×   6 0
```

27

```
      4 5
  ×   6 0
```

28

```
      5 6
  ×   7 0
```

29

```
      6 4
  ×   7 0
```

30

```
      7 5
  ×   6 0
```

31

```
      8 7
  ×   4 0
```

32

```
      9 3
  ×   5 0
```

33

```
      8 3
  ×   4 0
```

34

```
      7 9
  ×   6 0
```

5 (몇십)×(몇십), (몇십몇)×(몇십)(3)

⏰ 계산을 하시오. (1~15)

1　　30
　　× 30
　　□

2　　20
　　× 50
　　□

3　　20
　　× 70
　　□

4　　40
　　× 30
　　□

5　　40
　　× 60
　　□

6　　70
　　× 30
　　□

7　　90
　　× 80
　　□

8　　60
　　× 80
　　□

9　　80
　　× 50
　　□

10 $30 \times 80 =$ □

11 $70 \times 40 =$ □

12 $80 \times 80 =$ □

13 $90 \times 70 =$ □

14 $60 \times 70 =$ □

15 $70 \times 80 =$ □

⏰ 계산을 하시오. (16~30)

16
$$\begin{array}{r} 27 \\ \times\ 30 \\ \hline \end{array}$$

17
$$\begin{array}{r} 14 \\ \times\ 40 \\ \hline \end{array}$$

18
$$\begin{array}{r} 47 \\ \times\ 20 \\ \hline \end{array}$$

19
$$\begin{array}{r} 64 \\ \times\ 60 \\ \hline \end{array}$$

20
$$\begin{array}{r} 28 \\ \times\ 90 \\ \hline \end{array}$$

21
$$\begin{array}{r} 34 \\ \times\ 50 \\ \hline \end{array}$$

22
$$\begin{array}{r} 17 \\ \times\ 80 \\ \hline \end{array}$$

23
$$\begin{array}{r} 74 \\ \times\ 30 \\ \hline \end{array}$$

24
$$\begin{array}{r} 92 \\ \times\ 20 \\ \hline \end{array}$$

25 $58 \times 40 =$

26 $62 \times 30 =$

27 $84 \times 30 =$

28 $78 \times 40 =$

29 $85 \times 60 =$

30 $97 \times 50 =$

⏰ ☐ 안에 알맞은 수를 써넣으시오. (1~10)

1
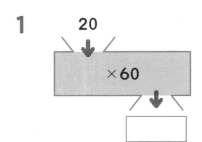
20
×60

2
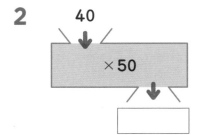
40
×50

3
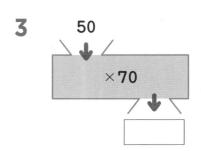
50
×70

4
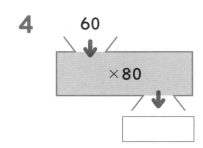
60
×80

5
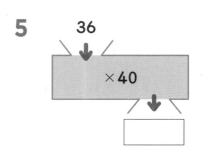
36
×40

6
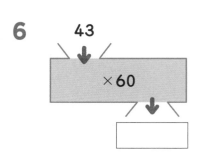
43
×60

7
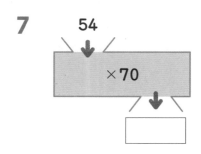
54
×70

8
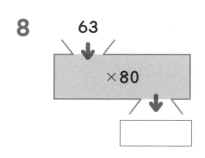
63
×80

9
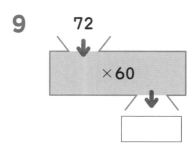
72
×60

10
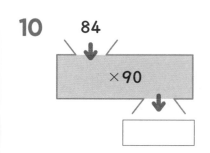
84
×90

빈 곳에 알맞은 수를 써넣으시오. (11 ~ 22)

11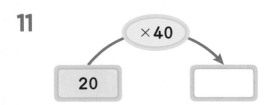

12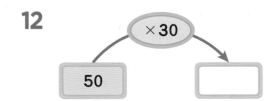

13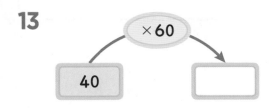

14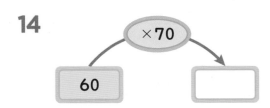

15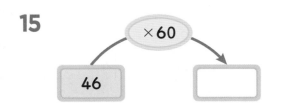

16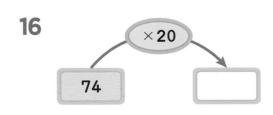

17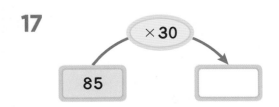

18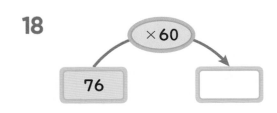

19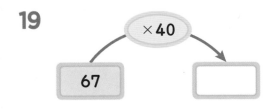

20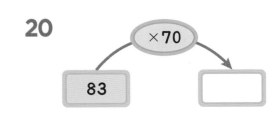

21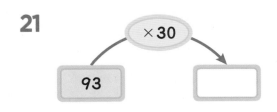

22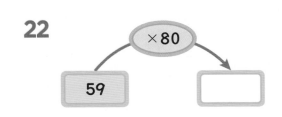

6 (몇십몇)×(몇십몇)(1)

⭐ 23×34의 계산

· 23×4와 23×30을 계산한 후 두 곱을 더합니다.

$$23×34 \begin{bmatrix} 23×4=92 \\ 23×30=690 \end{bmatrix} 782$$

```
      2 3
  ×   3 4
      9 2   ← 23×4=92
  6 9 0     ← 23×30=690
  7 8 2     ← 92+690=782
```

⏰ 계산을 하시오. (1~6)

1
```
    2 3
  × 1 2
```
← 23×☐=☐
← 23×☐=☐

2
```
    2 4
  × 3 2
```
← 24×☐=☐
← 24×☐=☐

3
```
    3 2
  × 2 3
```
← 32×☐=☐
← 32×☐=☐

4
```
    4 3
  × 1 4
```
← 43×☐=☐
← 43×☐=☐

5
```
    2 1
  × 3 4
```
← 21×☐=☐
← 21×☐=☐

6
```
    3 4
  × 2 6
```
← 34×☐=☐
← 34×☐=☐

계산은 빠르고 정확하게!

걸린 시간	1～7분	7～11분	11～14분
맞은 개수	13～14개	10～12개	1～9개
평가	참 잘했어요.	잘했어요.	좀더 노력해요.

⏰ 계산을 하시오. (7~14)

7

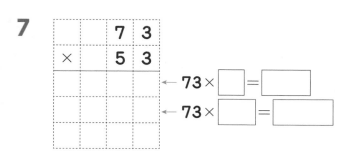

← 73 × ☐ = ☐

← 73 × ☐ = ☐

8

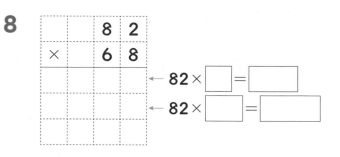

← 82 × ☐ = ☐

← 82 × ☐ = ☐

9

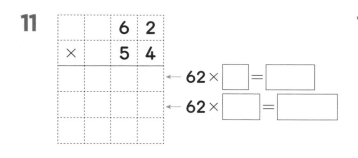

← 34 × ☐ = ☐

← 34 × ☐ = ☐

10

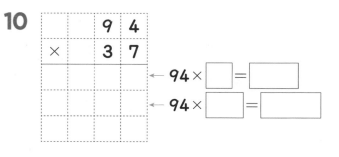

← 94 × ☐ = ☐

← 94 × ☐ = ☐

11

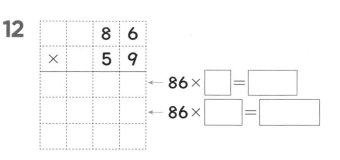

← 62 × ☐ = ☐

← 62 × ☐ = ☐

12

← 86 × ☐ = ☐

← 86 × ☐ = ☐

13

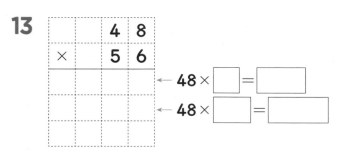

← 48 × ☐ = ☐

← 48 × ☐ = ☐

14

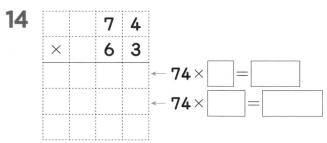

← 74 × ☐ = ☐

← 74 × ☐ = ☐

6 (몇십몇)×(몇십몇)(2)

⏰ 계산을 하시오. (1 ~ 12)

1
```
    2 1
×   2 4
```

2
```
    2 2
×   3 3
```

3
```
    2 3
×   3 1
```

4
```
    3 1
×   2 4
```

5
```
    3 2
×   1 3
```

6
```
    3 4
×   2 2
```

7
```
    2 4
×   1 6
```

8
```
    2 5
×   2 7
```

9
```
    2 6
×   3 2
```

10
```
    2 7
×   3 3
```

11
```
    3 2
×   2 6
```

12
```
    3 4
×   2 5
```

계산은 빠르고 정확하게!

걸린 시간	1~6분	6~9분	9~12분
맞은 개수	22~24개	17~21개	1~16개
평가	참 잘했어요.	잘했어요.	좀더 노력해요.

⏰ 계산을 하시오. (13 ~ 24)

13
```
        2 4
   ×    6 5
```

14
```
        3 6
   ×    4 7
```

15
```
        4 2
   ×    7 4
```

16
```
        3 7
   ×    4 9
```

17
```
        4 6
   ×    5 4
```

18
```
        5 3
   ×    6 7
```

19
```
        4 8
   ×    6 4
```

20
```
        5 7
   ×    7 5
```

21
```
        6 2
   ×    3 9
```

22
```
        6 5
   ×    7 3
```

23
```
        7 6
   ×    8 5
```

24
```
        8 4
   ×    5 6
```

⏰ **계산을 하시오. (1~15)**

1
```
    3 4
×   2 3
```

2
```
    6 2
×   1 5
```

3
```
    5 4
×   1 6
```

4
```
    2 9
×   1 2
```

5
```
    1 2
×   7 4
```

6
```
    2 1
×   4 3
```

7
```
    2 3
×   4 2
```

8
```
    1 8
×   5 1
```

9
```
    1 4
×   2 9
```

10 16×13

11 74×13

12 24×25

13 15×31

14 22×41

15 43×13

⏰ 계산을 하시오. (16~30)

16
```
    2 9
×   8 3
```

17
```
    4 8
×   3 5
```

18
```
    4 9
×   5 2
```

19
```
    6 4
×   3 8
```

20
```
    7 2
×   8 6
```

21
```
    7 4
×   4 8
```

22
```
    5 3
×   2 7
```

23
```
    3 8
×   4 2
```

24
```
    8 3
×   3 9
```

25 34×56

26 73×26

27 43×37

28 82×28

29 42×74

30 58×25

⏰ □ 안에 알맞은 수를 써넣으시오. (1~10)

1
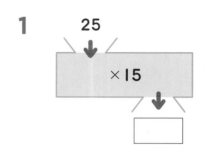
25
×15

2
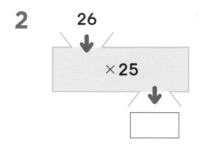
26
×25

3
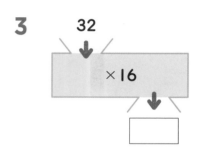
32
×16

4
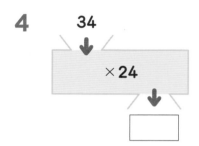
34
×24

5
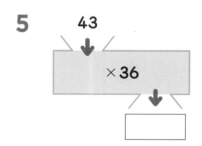
43
×36

6
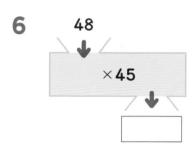
48
×45

7
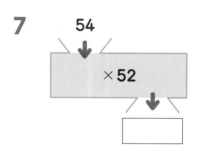
54
×52

8
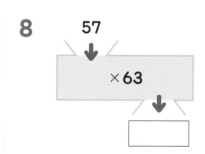
57
×63

9
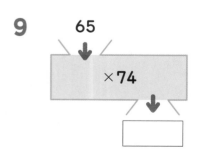
65
×74

10
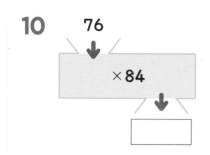
76
×84

계산은 빠르고 정확하게!

걸린 시간	1~7분	7~11분	11~14분
맞은 개수	20~22개	16~19개	1~15개
평가	참 잘했어요.	잘했어요.	좀더 노력해요.

⏰ 빈 곳에 알맞은 수를 써넣으시오. (11 ~ 22)

11
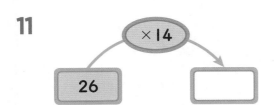

12
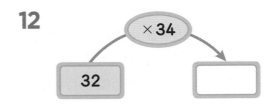

13
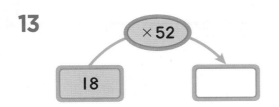

14
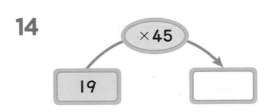

15
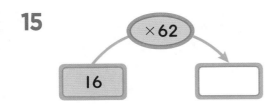

16
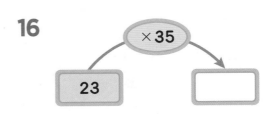

17
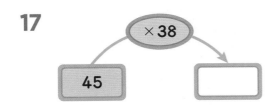

18
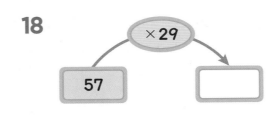

19
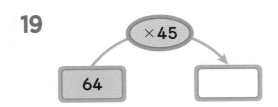

20
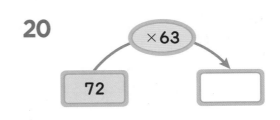

21
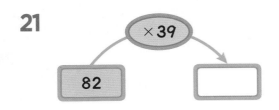

22
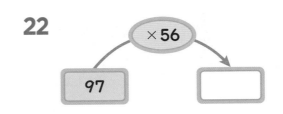

7 십의 자리 숫자가 같고 일의 자리 숫자의 합이 10인 (몇십몇)×(몇십몇)(1)

⭐ 24×26의 계산

(1) 24×26＝(24×6)+(24×20)
    ＝144+480＝**6 24**

(3) (백의 자리의 숫자)＝2×(2+1)＝**6**
    (십의 자리와 일의 자리의 숫자)＝4×6＝**24**

(2)
		2	4
	×	2	6
	1	4	4
	4	8	0
	6	**2**	**4**

🕐 계산을 하시오. (1~4)

1

		2	7
	×	2	3

➡ 27×23=☐☐☐

☐×(☐+1)=☐

☐×☐=☐

2

		2	2
	×	2	8

➡ 22×28=☐☐☐

☐×(☐+1)=☐

☐×☐=☐

3

		3	4
	×	3	6

➡ 34×36=☐☐☐☐

☐×(☐+1)=☐

☐×☐=☐

4

		4	3
	×	4	7

➡ 43×47=☐☐☐☐

☐×(☐+1)=☐

☐×☐=☐

⏰ 계산을 하시오. (5~19)

5
```
    3 2
×   3 8
```

6
```
    4 4
×   4 6
```

7
```
    5 3
×   5 7
```

8
```
    4 1
×   4 9
```

9
```
    5 2
×   5 8
```

10
```
    6 4
×   6 6
```

11
```
    3 5
×   3 5
```

12
```
    7 2
×   7 8
```

13
```
    8 6
×   8 4
```

14
```
    8 5
×   8 5
```

15
```
    6 8
×   6 2
```

16
```
    7 1
×   7 9
```

17
```
    5 6
×   5 4
```

18
```
    7 5
×   7 5
```

19
```
    8 7
×   8 3
```

🕐 계산을 하시오. (1~18)

1
$$\begin{array}{r} 17 \\ \times\ 13 \\ \hline \end{array}$$

2
$$\begin{array}{r} 25 \\ \times\ 25 \\ \hline \end{array}$$

3
$$\begin{array}{r} 34 \\ \times\ 36 \\ \hline \end{array}$$

4
$$\begin{array}{r} 41 \\ \times\ 49 \\ \hline \end{array}$$

5
$$\begin{array}{r} 55 \\ \times\ 55 \\ \hline \end{array}$$

6
$$\begin{array}{r} 63 \\ \times\ 67 \\ \hline \end{array}$$

7
$$\begin{array}{r} 78 \\ \times\ 72 \\ \hline \end{array}$$

8
$$\begin{array}{r} 86 \\ \times\ 84 \\ \hline \end{array}$$

9
$$\begin{array}{r} 91 \\ \times\ 99 \\ \hline \end{array}$$

10
$$\begin{array}{r} 15 \\ \times\ 15 \\ \hline \end{array}$$

11
$$\begin{array}{r} 27 \\ \times\ 23 \\ \hline \end{array}$$

12
$$\begin{array}{r} 38 \\ \times\ 32 \\ \hline \end{array}$$

13
$$\begin{array}{r} 46 \\ \times\ 44 \\ \hline \end{array}$$

14
$$\begin{array}{r} 59 \\ \times\ 51 \\ \hline \end{array}$$

15
$$\begin{array}{r} 64 \\ \times\ 66 \\ \hline \end{array}$$

16
$$\begin{array}{r} 77 \\ \times\ 73 \\ \hline \end{array}$$

17
$$\begin{array}{r} 82 \\ \times\ 88 \\ \hline \end{array}$$

18
$$\begin{array}{r} 98 \\ \times\ 92 \\ \hline \end{array}$$

⏰ 계산을 하시오. (19~36)

19 $16 \times 14 =$

20 $24 \times 26 =$

21 $37 \times 33 =$

22 $45 \times 45 =$

23 $54 \times 56 =$

24 $68 \times 62 =$

25 $76 \times 74 =$

26 $83 \times 87 =$

27 $95 \times 95 =$

28 $19 \times 11 =$

29 $26 \times 24 =$

30 $31 \times 39 =$

31 $42 \times 48 =$

32 $53 \times 57 =$

33 $65 \times 65 =$

34 $71 \times 79 =$

35 $81 \times 89 =$

36 $97 \times 93 =$

8 (몇십몇)×(몇십몇)의 가장 큰 곱과 가장 작은 곱

🕐 주어진 **4**장의 숫자 카드를 사용하여 (몇십몇)×(몇십몇)의 곱이 가장 큰 곱과 가장 작은 곱을 구하시오. (1~8)

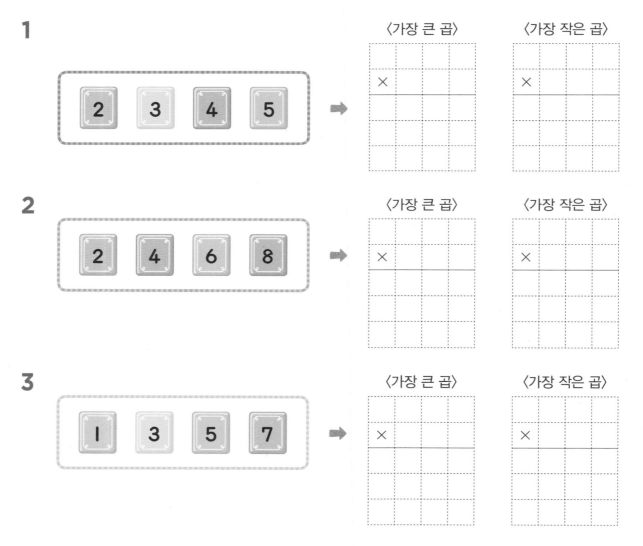

4

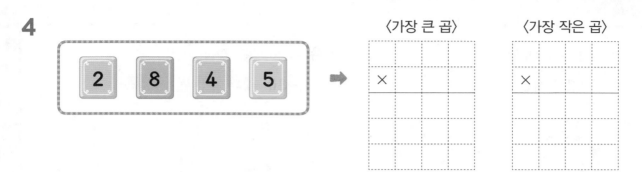

5

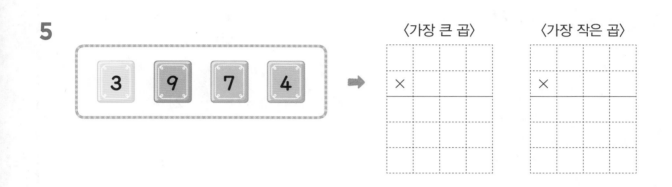

6

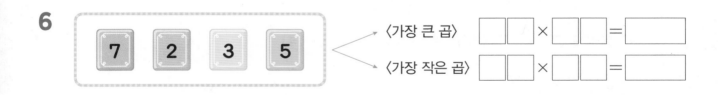

7

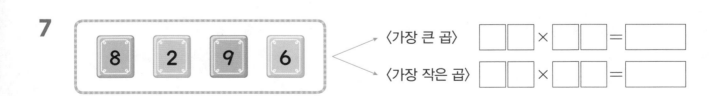

8

9 (몇십)÷(몇)(1)

⭐ 내림이 없는 (몇십)÷(몇)

· 40÷2의 계산

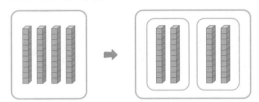

· 십 모형 4개를 똑같이 두 묶음으로 나누면 2개씩 나누어집니다.

$$4 \div 2 = 2 \implies 40 \div 2 = 20$$

10배 (위), 10배 (아래)

· 나누는 수가 같을 때 나누어지는 수가 10배가 되면 몫도 10배가 됩니다.

⭐ 내림이 있는 (몇십)÷(몇)

· 30÷2의 계산

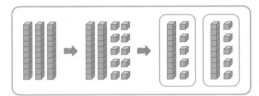

· 십 모형 3개를 똑같이 두 묶음으로 나누면 한 묶음에는 십 모형이 1개, 일 모형이 5개입니다.

$$30 \div 2 = 15 \implies$$

십 모형이 1개
일 모형이 5개

$$\begin{array}{r} 15 \\ 2\overline{)30} \\ 20 \quad \leftarrow 2 \times 10 = 20 \\ \hline 10 \\ 10 \quad \leftarrow 2 \times 5 = 10 \\ \hline 0 \end{array}$$

⏰ 수 모형을 보고 ☐ 안에 알맞은 수를 써넣으시오. (1~4)

1

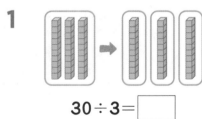

30÷3= ☐

2

40÷4= ☐

3

60÷3= ☐

4

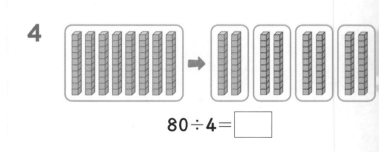

80÷4= ☐

⏰ □ 안에 알맞은 수를 써넣으시오. (5~16)

5 $5 \div 5 =$ □ ➡ $50 \div 5 =$ □

6 $2 \div 2 =$ □ ➡ $20 \div 2 =$ □

7 $6 \div 6 =$ □ ➡ $60 \div 6 =$ □

8 $8 \div 2 =$ □ ➡ $80 \div 2 =$ □

9 $9 \div 3 =$ □ ➡ $90 \div 3 =$ □

10 $7 \div 7 =$ □ ➡ $70 \div 7 =$ □

11 $3 \overline{)\, 3}$ ➡ $3 \overline{)\, 30}$

12 $8 \overline{)\, 8}$ ➡ $8 \overline{)\, 80}$

13 $2 \overline{)\, 6}$ ➡ $2 \overline{)\, 60}$

14 $4 \overline{)\, 8}$ ➡ $4 \overline{)\, 80}$

15 $9 \overline{)\, 9}$ ➡ $9 \overline{)\, 90}$

16 $2 \overline{)\, 8}$ ➡ $2 \overline{)\, 80}$

학습 날짜

월   일

⏰ □ 안에 알맞은 수를 써넣으시오. (1~5)

1

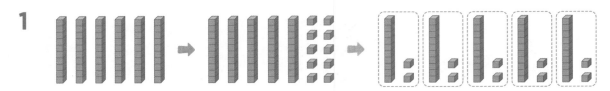

$60 \div 5 =$ □

2

$50 \div 2 =$ □

3

$70 \div 2 =$ □

4

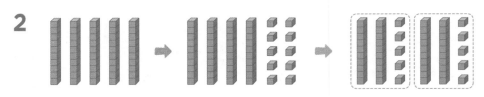

$60 \div 4 =$ □

5

$70 \div 5 =$ □

걸린 시간	1~5분	5~8분	8~10분
맞은 개수	12~13개	9~11개	1~8개
평가	참 잘했어요.	잘했어요.	좀더 노력해요.

□ 안에 알맞은 수를 써넣으시오. (6 ~ 13)

6

```
     1 □
  2) 3 0
     □     ← 2×□
     1 0
     □     ← 2×□
       0
```

7

```
     2 □
  2) 5 0
     □     ← 2×□
     1 0
     □     ← 2×□
       0
```

8

```
     1 □
  5) 7 0
     □     ← 5×□
     2 0
     □     ← 5×□
       0
```

9

```
     1 □
  4) 6 0
     □     ← 4×□
     2 0
     □     ← 4×□
       0
```

10

```
     □
  2) 7 0
     □     ← 2×□
     1 0
     □     ← 2×□
       0
```

11

```
     □
  5) 8 0
     □     ← 5×□
     3 0
     □     ← 5×□
       0
```

12

```
     □
  5) 9 0
     □     ← 5×□
     □
     □     ← 5×□
       0
```

13

```
     □
  2) 9 0
     □     ← 2×□
     1 0
     □     ← 2×□
       0
```

⏰ □ 안에 알맞은 수를 써넣으시오. (1~18)

1 20÷2=

2 30÷2=

3 30÷3=

4 40÷4=

5 40÷2=

6 50÷2=

7 50÷5=

8 60÷4=

9 60÷2=

10 60÷3=

11 60÷5=

12 70÷7=

13 70÷2=

14 70÷5=

15 80÷4=

16 80÷5=

17 90÷3=

18 90÷5=

계산은 빠르고 정확하게!

걸린 시간	1~8분	8~12분	12~16분
맞은 개수	27~30개	21~26개	1~20개
평가	참 잘했어요.	잘했어요.	좀더 노력해요.

계산을 하시오. (19~30)

19
$$2\,)\,\overline{3\ \ 0}$$

20
$$2\,)\,\overline{4\ \ 0}$$

21
$$2\,)\,\overline{5\ \ 0}$$

22
$$3\,)\,\overline{6\ \ 0}$$

23
$$2\,)\,\overline{9\ \ 0}$$

24
$$3\,)\,\overline{9\ \ 0}$$

25
$$4\,)\,\overline{6\ \ 0}$$

26
$$4\,)\,\overline{8\ \ 0}$$

27
$$5\,)\,\overline{6\ \ 0}$$

28
$$5\,)\,\overline{7\ \ 0}$$

29
$$5\,)\,\overline{9\ \ 0}$$

30
$$6\,)\,\overline{9\ \ 0}$$

학습 날짜
월
일

✿ 내림이 없는 (몇십)÷(몇)

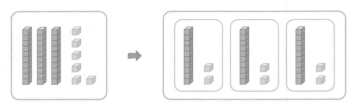

십 모형이 1개
일 모형이 2개

$$3 \overline{)36}$$

$3 \times 10 = 30$

$3 \times 2 = 6$

• 십 모형 3개, 일 모형 6개를 똑같이 세 묶음으로 나누면 한 묶음에 십 모형 1개, 일 모형 2개이므로 36÷3=12 입니다.

$6 \div 3 = 2$

$$36 \div 3 = 12$$

$3 \div 3 = 1$

⏰ □ 안에 알맞은 수를 써넣으시오. (1~4)

1

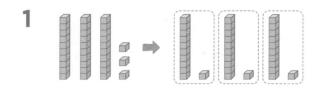

$33 \div 3 = \boxed{}$

2

$46 \div 2 = \boxed{}$

3

$39 \div 3 = \boxed{}$

4

$66 \div 3 = \boxed{}$

⏰ □ 안에 알맞은 수를 써넣으시오. (5 ~ 12)

5

```
     2 □
  2) 4 8
     4 0  ← 2×20
     □
     8    ← 2×4
     □
```

6

```
     3 □
  3) 9 3
     9 0  ← 3×30
     □
     3    ← 3×1
     □
```

7

```
     2 □
  2) 4 2
     4 0  ← 2×□
     □
     2    ← 2×□
     □
```

8

```
     4 □
  2) 8 4
     8 0  ← 2×□
     □
     4    ← 2×□
     □
```

9

```
     □
  3) 6 9
     □    ← 3×□
     □
     9    ← 3×□
     □
```

10

```
     □
  4) 8 8
     □    ← 4×□
     □
     8    ← 4×□
     □
```

11

```
     □
  6) 6 6
     □    ← 6×□
     □
     □    ← 6×□
     □
```

12

```
     □
  3) 9 6
     □    ← 3×□
     □
     □    ← 3×□
     □
```

10 내림이 없는 (몇십몇)÷(몇)(2)

⏰ ☐ 안에 알맞은 수를 써넣으시오. (1 ~ 18)

1 $24 \div 2 =$ ☐

2 $39 \div 3 =$ ☐

3 $46 \div 2 =$ ☐

4 $48 \div 2 =$ ☐

5 $55 \div 5 =$ ☐

6 $63 \div 3 =$ ☐

7 $64 \div 2 =$ ☐

8 $33 \div 3 =$ ☐

9 $84 \div 4 =$ ☐

10 $88 \div 2 =$ ☐

11 $69 \div 3 =$ ☐

12 $93 \div 3 =$ ☐

13 $82 \div 2 =$ ☐

14 $36 \div 3 =$ ☐

15 $86 \div 2 =$ ☐

16 $96 \div 3 =$ ☐

17 $44 \div 2 =$ ☐

18 $99 \div 9 =$ ☐

계산은 빠르고 정확하게!

걸린 시간	1~8분	8~12분	12~16분
맞은 개수	27~30개	21~26개	1~20개
평가	참 잘했어요.	잘했어요.	좀더 노력해요.

⏰ 계산을 하시오. (19~30)

19 2) 6 8

20 4) 8 8

21 2) 6 2

22 3) 6 6

23 3) 9 9

24 4) 4 8

25 3) 3 6

26 2) 2 8

27 2) 6 6

28 2) 8 4

29 2) 4 2

30 7) 7 7

내림이 없는 (몇십몇)÷(몇)(3)

⏰ ☐ 안에 알맞은 수를 써넣으시오. (1~10)

1 22
÷2
☐

2 28
÷2
☐

3 33
÷3
☐

4 39
÷3
☐

5 42
÷2
☐

6 48
÷4
☐

7 55
÷5
☐

8 64
÷2
☐

9 69
÷3
☐

10 88
÷8
☐

계산은 빠르고 정확하게!

걸린 시간	1~6분	6~9분	9~12분
맞은 개수	20~22개	16~19개	1~15개
평가	참 잘했어요.	잘했어요.	좀더 노력해요.

빈 곳에 알맞은 수를 써넣으시오. (11 ~ 22)

11
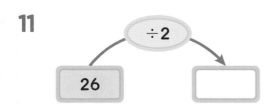

12
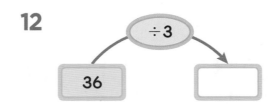

13
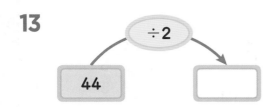

14
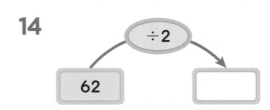

15
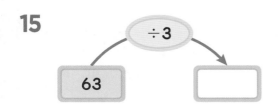

16
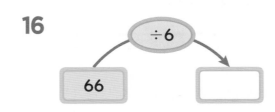

17
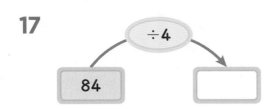

18
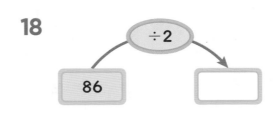

19
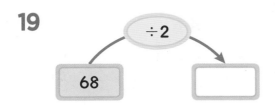

20
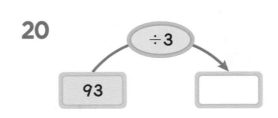

21
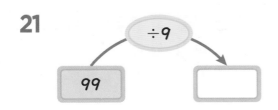

22
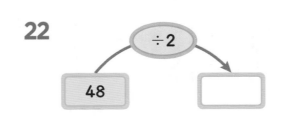

11 내림이 있고 나머지가 없는 (몇십몇)÷(몇)(1)

⭐ 45÷3의 계산

① 십 모형 4개를 3곳으로 똑같이 나누면 한 곳에 1개씩이고 십 모형 1개가 남습니다.

② ①에서 남은 십 모형 1개를 일 모형으로 바꾸면 일 모형은 모두 15개가 됩니다.

③ 일 모형 15개를 3곳으로 똑같이 나누면 한 곳에 5개씩입니다.

➡ 45를 3곳으로 똑같이 나누면 한 곳에 15씩이므로 45÷3=15입니다.

```
        1 5  ← 몫
  3 ) 4 5
      3
      1 5
      1 5
          0  ← 나머지
```

⏰ □ 안에 알맞은 수를 써넣으시오. (1~3)

1

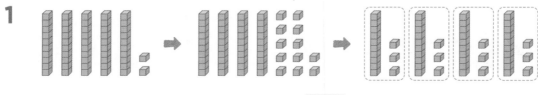

52÷4=□

2

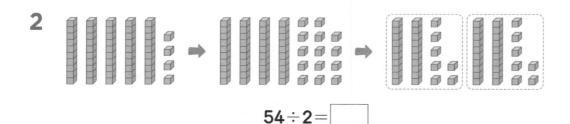

54÷2=□

3

75÷3=□

계산은 빠르고 정확하게!

계산을 하시오. (4 ~ 15)

4   2) 3 4

5   3) 4 2

6   4) 6 4

7   2) 3 8

8   3) 4 8

9   4) 5 6

10   5) 6 5

11   6) 7 2

12   3) 8 4

13   5) 7 5

14   6) 8 4

15   4) 9 2

내림이 있고 나머지가 없는 (몇십몇)÷(몇)(2)

🕐 계산을 하시오. (1 ~ 12)

1

$$2 \overline{)5\ 2}$$

2

$$3 \overline{)8\ 7}$$

3

$$4 \overline{)9\ 6}$$

4

$$5 \overline{)8\ 5}$$

5

$$6 \overline{)9\ 0}$$

6

$$7 \overline{)9\ 1}$$

7

$$8 \overline{)9\ 6}$$

8

$$2 \overline{)7\ 4}$$

9

$$3 \overline{)7\ 8}$$

10

$$7 \overline{)8\ 4}$$

11

$$2 \overline{)7\ 6}$$

12

$$3 \overline{)8\ 1}$$

⏰ 계산을 하시오. (13~28)

13 $38 \div 2 = \boxed{}$

14 $56 \div 4 = \boxed{}$

15 $48 \div 3 = \boxed{}$

16 $95 \div 5 = \boxed{}$

17 $98 \div 7 = \boxed{}$

18 $68 \div 4 = \boxed{}$

19 $76 \div 4 = \boxed{}$

20 $58 \div 2 = \boxed{}$

21 $65 \div 5 = \boxed{}$

22 $96 \div 6 = \boxed{}$

23 $72 \div 2 = \boxed{}$

24 $75 \div 3 = \boxed{}$

25 $96 \div 4 = \boxed{}$

26 $90 \div 5 = \boxed{}$

27 $72 \div 3 = \boxed{}$

28 $92 \div 4 = \boxed{}$

⏰ ☐ 안에 알맞은 수를 써넣으시오. (1~10)

1
36
÷2
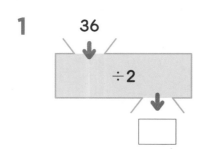

2
51
÷3
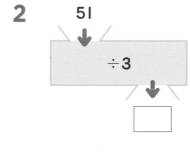

3
56
÷4
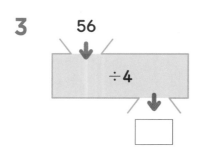

4
95
÷5
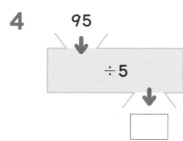

5
78
÷6
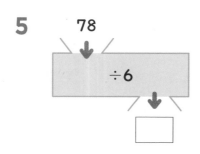

6
98
÷7
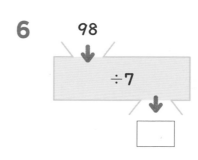

7
56
÷2
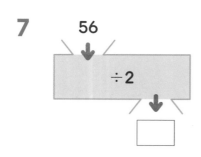

8
72
÷3
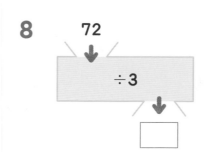

9
84
÷3
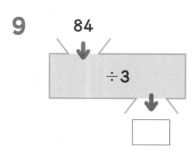

10
92
÷4
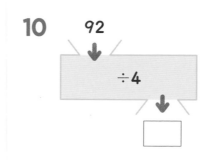

계산은 빠르고 정확하게!

걸린 시간	1~7분	7~10분	10~13분
맞은 개수	20~22개	16~19개	1~15개
평가	참 잘했어요.	잘했어요.	좀더 노력해요.

🕐 빈 곳에 알맞은 수를 써넣으시오. (11 ~ 22)

11
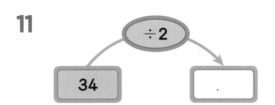

12
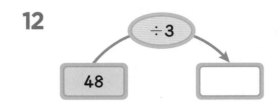

13
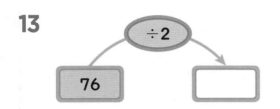

14
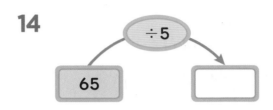

15
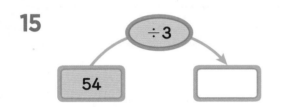

16
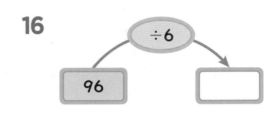

17
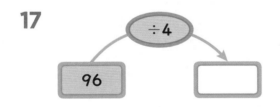

18
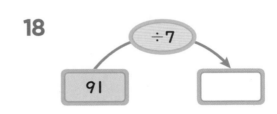

19
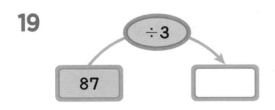

20
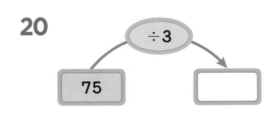

21
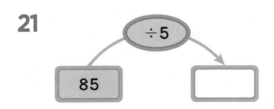

22
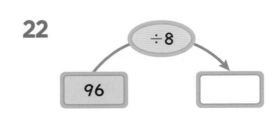

12 나머지가 있는 (몇십몇)÷(몇)(1)

✿ 나머지가 있는 (몇십몇)÷(몇)

・27÷5의 계산

```
      5 ← 몫
  5)27
    25
     2 ← 나머지
```

27을 5로 나누면 몫은 5이고 2가 남습니다. 이때 2를 27÷5의 나머지라고 합니다.

➡ 27÷5=5⋯2

・45÷5의 계산

```
      9 ← 몫
  5)45
    45
     0 ← 나머지
```

45를 5로 나누면 몫은 9이고 나머지가 없습니다. 나머지가 없을 때 45는 5로 나누어떨어진다고 합니다.

➡ 45÷5=9

⏰ 나눗셈을 하고 몫과 나머지를 구하시오. (1~6)

1

몫	
나머지	

2

몫	
나머지	

3

몫	
나머지	

4

몫	
나머지	

5

몫	
나머지	

6

몫	
나머지	

계산은 빠르고 정확하게!

걸린 시간	1~5분	5~8분	8~10분
맞은 개수	13~14개	10~12개	1~9개
평가	참 잘했어요.	잘했어요.	좀더 노력해요.

나눗셈을 하고 몫과 나머지를 구하시오. (7~14)

7
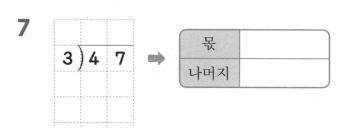

몫	
나머지	

8
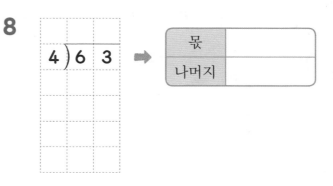

몫	
나머지	

9
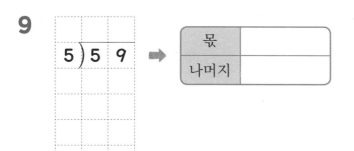

몫	
나머지	

10
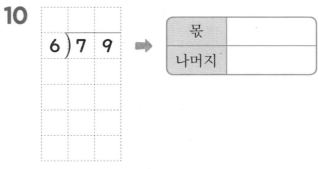

몫	
나머지	

11
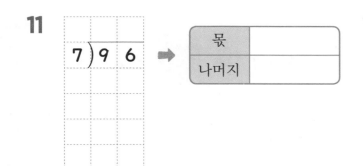

몫	
나머지	

12
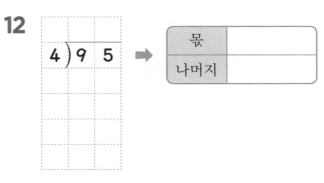

몫	
나머지	

13
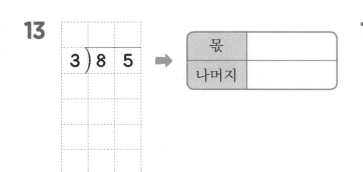

몫	
나머지	

14
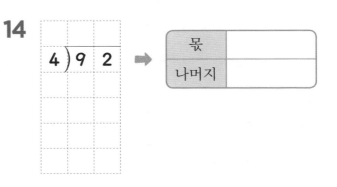

몫	
나머지	

나머지가 있는 (몇십몇)÷(몇)(2)

⏰ 계산을 하여 몫과 나머지를 쓰시오. (1~12)

1
$4)\overline{27}$ ➡

몫	
나머지	

2
$5)\overline{29}$ ➡

몫	
나머지	

3
$8)\overline{36}$ ➡

몫	
나머지	

4
$7)\overline{37}$ ➡

몫	
나머지	

5
$9)\overline{74}$ ➡

몫	
나머지	

6
$3)\overline{25}$ ➡

몫	
나머지	

7
$6)\overline{80}$ ➡

몫	
나머지	

8
$2)\overline{47}$ ➡

몫	
나머지	

9
$8)\overline{97}$ ➡

몫	
나머지	

10
$7)\overline{89}$ ➡

몫	
나머지	

11
$6)\overline{95}$ ➡

몫	
나머지	

12
$4)\overline{83}$ ➡

몫	
나머지	

⏰ □ 안에 알맞은 수를 써넣으시오. (13~28)

13 $46 \div 6 = \boxed{} \cdots \boxed{}$

14 $58 \div 9 = \boxed{} \cdots \boxed{}$

15 $15 \div 2 = \boxed{} \cdots \boxed{}$

16 $38 \div 5 = \boxed{} \cdots \boxed{}$

17 $30 \div 4 = \boxed{} \cdots \boxed{}$

18 $44 \div 7 = \boxed{} \cdots \boxed{}$

19 $53 \div 7 = \boxed{} \cdots \boxed{}$

20 $66 \div 8 = \boxed{} \cdots \boxed{}$

21 $77 \div 5 = \boxed{} \cdots \boxed{}$

22 $65 \div 4 = \boxed{} \cdots \boxed{}$

23 $83 \div 3 = \boxed{} \cdots \boxed{}$

24 $95 \div 7 = \boxed{} \cdots \boxed{}$

25 $87 \div 6 = \boxed{} \cdots \boxed{}$

26 $93 \div 4 = \boxed{} \cdots \boxed{}$

27 $79 \div 5 = \boxed{} \cdots \boxed{}$

28 $87 \div 4 = \boxed{} \cdots \boxed{}$

12 나머지가 있는 (몇십몇)÷(몇)(3)

⏰ 나눗셈을 하고 ☐ 안에 알맞은 수를 써넣으시오. (1~10)

1

$2 \overline{)17}$ ➡ $2 \times \boxed{} + \boxed{} = \boxed{}$

↑ 몫   ↑ 나머지

2

$3 \overline{)22}$ ➡ $3 \times \boxed{} + \boxed{} = \boxed{}$

3

$4 \overline{)34}$ ➡ $4 \times \boxed{} + \boxed{} = \boxed{}$

4

$5 \overline{)42}$ ➡ $5 \times \boxed{} + \boxed{} = \boxed{}$

5

$6 \overline{)25}$ ➡ $6 \times \boxed{} + \boxed{} = \boxed{}$

6

$7 \overline{)46}$ ➡ $7 \times \boxed{} + \boxed{} = \boxed{}$

7

$8 \overline{)51}$ ➡ $8 \times \boxed{} + \boxed{} = \boxed{}$

8

$9 \overline{)59}$ ➡ $9 \times \boxed{} + \boxed{} = \boxed{}$

9

$7 \overline{)58}$ ➡ $7 \times \boxed{} + \boxed{} = \boxed{}$

10

$6 \overline{)52}$ ➡ $6 \times \boxed{} + \boxed{} = \boxed{}$

🕐 나눗셈을 하고 ☐ 안에 알맞은 수를 써넣으시오. (11~20)

11
$2\overline{)35}$ ➡ $2 \times \boxed{} + \boxed{} = \boxed{}$

12
$3\overline{)46}$ ➡ $3 \times \boxed{} + \boxed{} = \boxed{}$

13
$4\overline{)61}$ ➡ $4 \times \boxed{} + \boxed{} = \boxed{}$

14
$5\overline{)78}$ ➡ $5 \times \boxed{} + \boxed{} = \boxed{}$

15
$6\overline{)75}$ ➡ $6 \times \boxed{} + \boxed{} = \boxed{}$

16
$7\overline{)95}$ ➡ $7 \times \boxed{} + \boxed{} = \boxed{}$

17
$8\overline{)94}$ ➡ $8 \times \boxed{} + \boxed{} = \boxed{}$

18
$9\overline{)98}$ ➡ $9 \times \boxed{} + \boxed{} = \boxed{}$

19
$4\overline{)87}$ ➡ $4 \times \boxed{} + \boxed{} = \boxed{}$

20
$3\overline{)92}$ ➡ $3 \times \boxed{} + \boxed{} = \boxed{}$

나머지가 있는 (몇십몇)÷(몇)(4)

🕐 나눗셈을 하여 몫은 ☐ 안에, 나머지는 ◯ 안에 써넣으시오. (1~8)

1
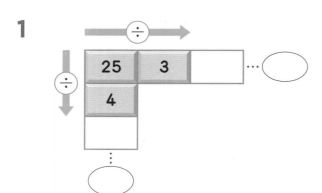

2
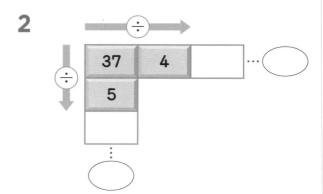

3
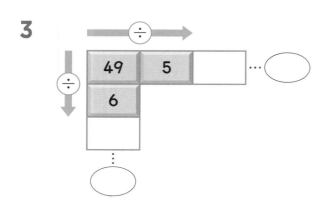

4
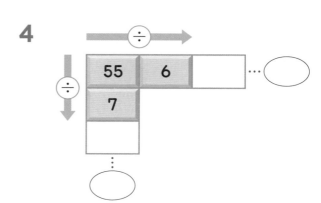

5
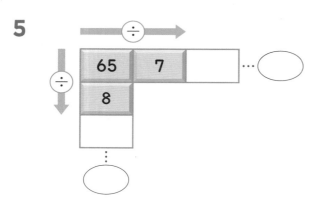

6
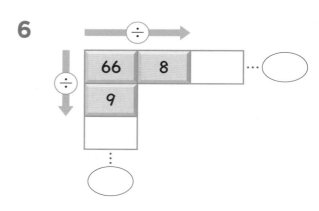

7
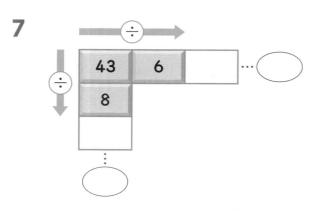

8
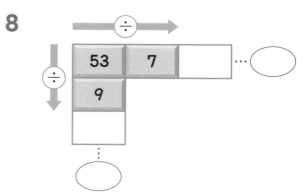

계산은 빠르고 정확하게!

걸린 시간	1~8분	8~12분	12~16분
맞은 개수	15~16개	12~14개	1~11개
평가	참 잘했어요.	잘했어요.	좀더 노력해요.

나눗셈을 하여 몫은 ☐ 안에, 나머지는 ◯ 안에 써넣으시오. (9 ~ 16)

9
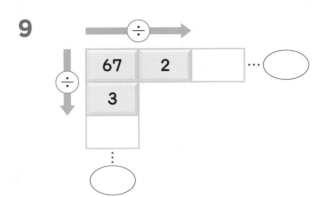

10
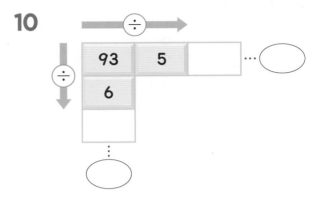

11
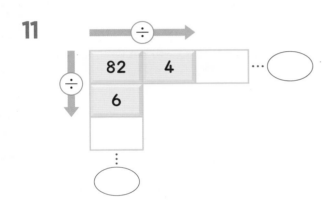

12
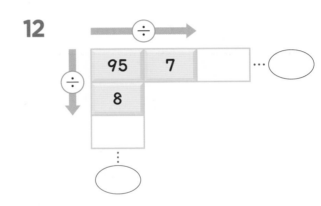

13
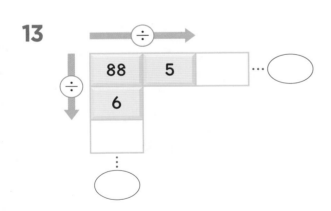

14
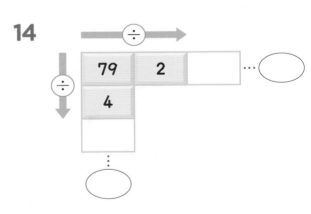

15
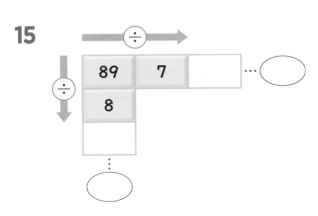

16
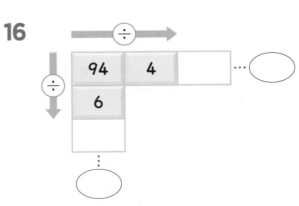

⭐ 375÷5의 계산

```
        7 5  ← 몫
  5 ) 3 7 5
      3 5 0  ← 5×70=350
        2 5
        2 5  ← 5×5=25
          0  ← 나머지
```

• 백의 자리에서는 **5**로 나눌 수 없으므로
  십의 자리에서부터 나눕니다.

⭐ 560÷4의 계산

```
        1 4 0  ← 몫
  4 ) 5 6 0
      4 0 0  ← 4×100=400
      1 6 0
      1 6 0  ← 4×40=160
          0  ← 나머지
```

• 백의 자리부터 순서대로 계산합니다.
• 560÷4의 몫은 56÷4의 몫의 **10**배
  입니다.

⏰ 계산을 하시오. (1~9)

1
```
4 ) 2 6 0
```

2
```
3 ) 2 2 5
```

3
```
6 ) 2 8 2
```

4
```
3 ) 5 7 0
```

5
```
5 ) 8 5 0
```

6
```
4 ) 9 2 0
```

7
```
8 ) 7 5 2
```

8
```
6 ) 4 5 0
```

9
```
3 ) 7 2 0
```

계산은 빠르고 정확하게!

걸린 시간	1~6분	6~9분	9~12분
맞은 개수	17~18개	13~16개	1~12개
평가	참 잘했어요.	잘했어요.	좀더 노력해요.

⏰ 계산을 하시오. (10 ~ 18)

10

$3) 7\ 2\ 6$

11

$4) 8\ 1\ 6$

12

$5) 6\ 5\ 5$

13

$6) 7\ 9\ 2$

14

$2) 3\ 9\ 4$

15

$4) 7\ 6\ 4$

16

$5) 7\ 8\ 5$

17

$3) 9\ 4\ 5$

18

$4) 6\ 9\ 2$

13 나머지가 없는 (세 자리 수)÷(한 자리 수)(2)

⏰ ☐ 안에 알맞은 수를 써넣으시오. (1~9)

1
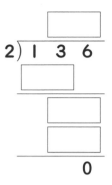

2) 1 3 6

0

2
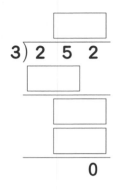

3) 2 5 2

0

3
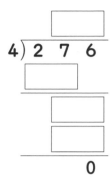

4) 2 7 6

0

4

5) 3 7 5

0

5

6) 4 6 2

0

6
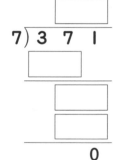

7) 3 7 1

0

7
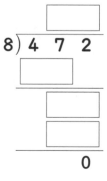

8) 4 7 2

0

8
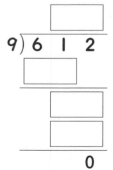

9) 6 1 2

0

9
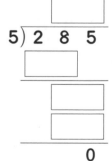

5) 2 8 5

0

계산은 빠르고 정확하게!

걸린 시간	1~6분	6~9분	9~12분
맞은 개수	17~18개	13~16개	1~12개
평가	참 잘했어요.	잘했어요.	좀더 노력해요.

□ 안에 알맞은 수를 써넣으시오. (10 ~ 18)

10
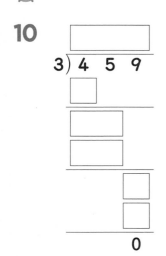

11
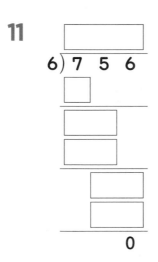

12
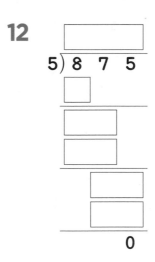

13
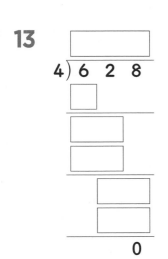

14
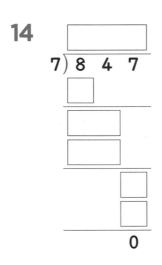

15
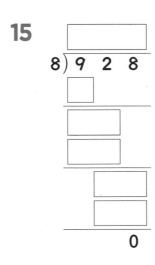

16
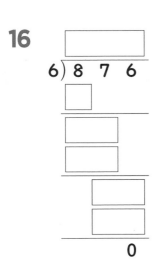

17
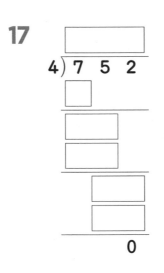

18
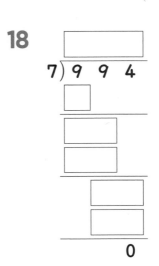

13 나머지가 없는 (세 자리 수)÷(한 자리 수)(3)

□ 안에 알맞은 수를 써넣으시오. (1~12)

1 5〉5 3 5

2 4〉6 2 4

3 3〉4 5 6

4 4〉7 4 8

5 7〉8 2 6

6 5〉7 4 5

7 9〉3 8 7

8 4〉3 2 4

9 9〉4 4 1

10 3〉2 7 3

11 4〉1 5 6

12 8〉3 4 4

⏰ □ 안에 알맞은 수를 써넣으시오. (13~28)

13 $435 \div 3 =$

14 $736 \div 4 =$

15 $685 \div 5 =$

16 $828 \div 3 =$

17 $942 \div 6 =$

18 $548 \div 4 =$

19 $725 \div 5 =$

20 $936 \div 2 =$

21 $248 \div 4 =$

22 $384 \div 6 =$

23 $455 \div 7 =$

24 $528 \div 8 =$

25 $425 \div 5 =$

26 $399 \div 7 =$

27 $747 \div 9 =$

28 $558 \div 6 =$

13 나머지가 없는
(세 자리 수)÷(한 자리 수)(4)

⏰ ☐ 안에 알맞은 수를 써넣으시오. (1~10)

1 116
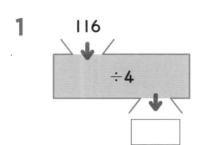
÷4

2 375
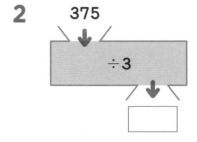
÷3

3 555
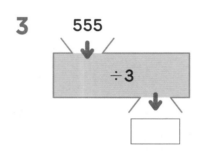
÷3

4 132
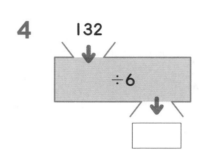
÷6

5 648
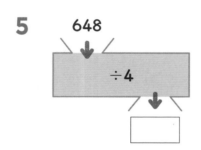
÷4

6 483
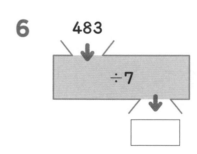
÷7

7 805
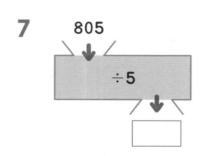
÷5

8 498
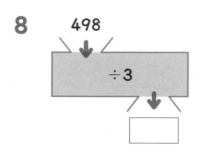
÷3

9 208
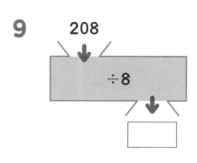
÷8

10 764
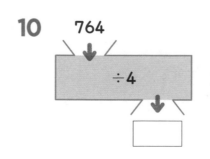
÷4

계산은 빠르고 정확하게!

걸린 시간	1~7분	7~10분	10~13분
맞은 개수	20~22개	16~19개	1~15개
평가	참 잘했어요.	잘했어요.	좀더 노력해요.

빈 곳에 알맞은 수를 써넣으시오. (11 ~ 22)

11
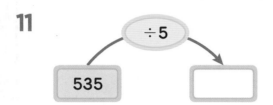

12
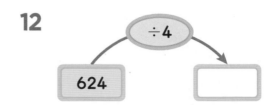

13
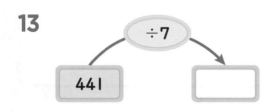

14
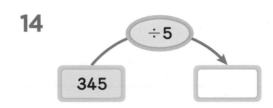

15
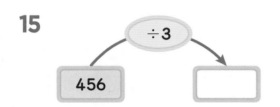

16
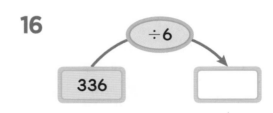

17
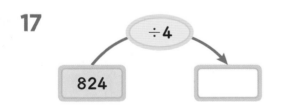

18
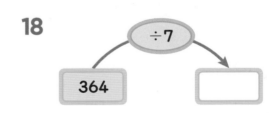

19
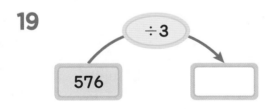

20
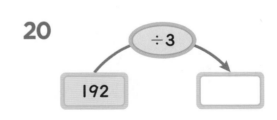

21
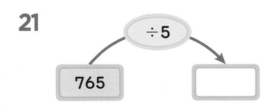

22
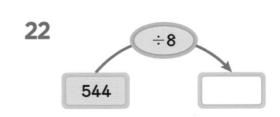

14 나머지가 있는 (세 자리 수)÷(한 자리 수)(1)

✿ 437÷3의 계산

```
        1 4 5  ← 몫
  3 ) 4 3 7
      3 0 0    ← 3×100=300
      1 3 7
      1 2 0    ← 3×40=120
        1 7
        1 5    ← 3×5=15
          2    ← 나머지
```

• 백의 자리부터 순서대로 계산합니다.
• 나머지는 나누는 수보다 작습니다.

$$3 \times 145 + 2 = 437$$

나누는 수   몫   나머지   나누어지는 수

🕐 나눗셈을 하고 몫과 나머지를 구하시오. (1~4)

1

```
2 ) 3 8 3
```

➡ | 몫 | |
|---|---|
| 나머지 | |

2

```
3 ) 4 5 8
```

➡ | 몫 | |
|---|---|
| 나머지 | |

3

```
4 ) 6 5 7
```

➡ | 몫 | |
|---|---|
| 나머지 | |

4

```
5 ) 3 7 8
```

➡ | 몫 | |
|---|---|
| 나머지 | |

나눗셈을 하고 몫과 나머지를 구하시오. (5~10)

5

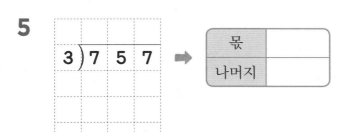

몫	
나머지	

6

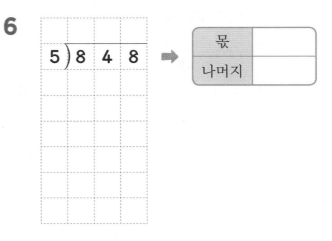

몫	
나머지	

7

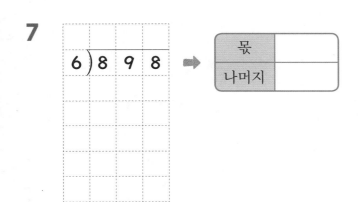

몫	
나머지	

8

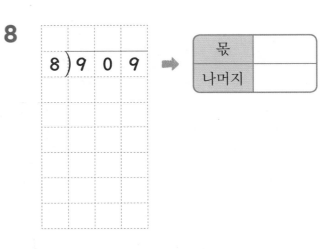

몫	
나머지	

9

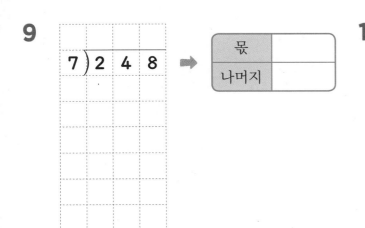

몫	
나머지	

10

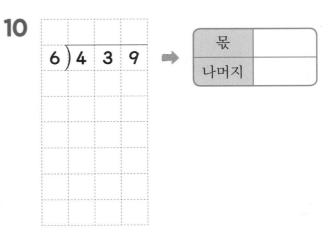

몫	
나머지	

14 나머지가 있는 (세 자리 수)÷(한 자리 수)(2)

⏰ □ 안에 알맞은 수를 써넣으시오. (1~9)

1

```
      □□□
  4 ) 4 0 7
      □
      □
        □
        □
        □
```

2

```
      □□□
  5 ) 6 3 6
      □
      □
        □
        □
        □
```

3

```
      □□□
  6 ) 8 5 9
      □
      □
        □
        □
        □
```

4

```
      □□□
  3 ) 8 6 9
      □
      □
      □
        □
        □
        □
```

5

```
      □□□
  4 ) 5 8 9
      □
      □
      □
        □
        □
        □
```

6

```
      □□□
  5 ) 8 3 7
      □
      □
      □
        □
        □
        □
```

7

```
      □□□
  6 ) 3 8 9
      □□
      □□
        □
```

8

```
      □□□
  8 ) 3 8 5
      □□
      □□
        □
```

9

```
      □□□
  7 ) 5 7 8
      □□
      □□
        □
```

계산은 빠르고 정확하게!

걸린 시간	1~8분	8~12분	12~16분
맞은 개수	17~18개	13~16개	1~12개
평가	참 잘했어요.	잘했어요.	좀더 노력해요.

☐ 안에 알맞은 수를 써넣으시오. (10 ~ 18)

10
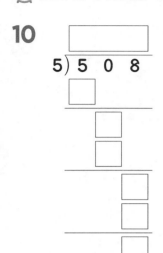

11
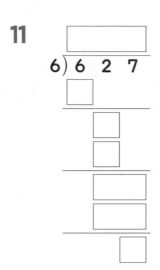

12
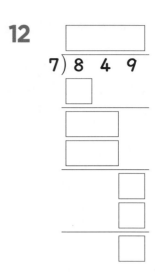

13
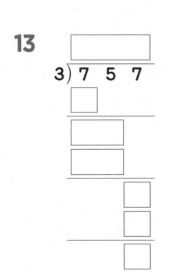

14

15
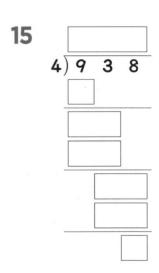

16
6) 2 5 9

17
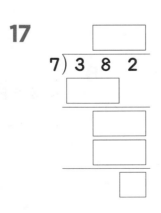

18
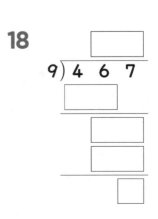

⏰ 계산을 하여 몫과 나머지를 쓰시오. (1~8)

1

5)869 ➡

몫	
나머지	

2

5)716 ➡

몫	
나머지	

3

5)823 ➡

몫	
나머지	

4

6)825 ➡

몫	
나머지	

5

6)393 ➡

몫	
나머지	

6

7)296 ➡

몫	
나머지	

7

8)639 ➡

몫	
나머지	

8

9)428 ➡

몫	
나머지	

□ 안에 알맞은 수를 써넣으시오. (9~20)

9 125÷2=□ … □

➡ 2×□+□=□

10 378÷4=□ … □

➡ 4×□+□=□

11 656÷9=□ … □

➡ 9×□+□=□

12 245÷6=□ … □

➡ 6×□+□=□

13 322÷9=□ … □

➡ 9×□+□=□

14 649÷7=□ … □

➡ 7×□+□=□

15 745÷7=□ … □

➡ 7×□+□=□

16 872÷4=□ … □

➡ 4×□+□=□

17 839÷3=□ … □

➡ 3×□+□=□

18 745÷6=□ … □

➡ 6×□+□=□

19 794÷5=□ … □

➡ 5×□+□=□

20 865÷4=□ … □

➡ 4×□+□=□

🕐 나눗셈을 하여 몫은 ☐ 안에, 나머지는 ◯ 안에 써넣으시오. (1~8)

1

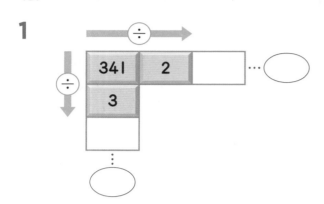

2

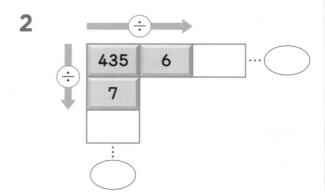

3

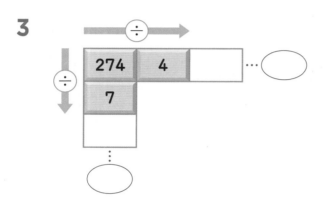

4

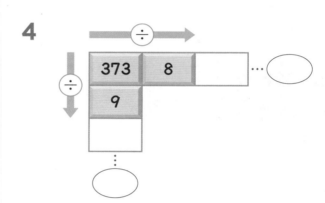

5

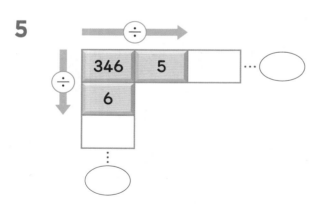

6

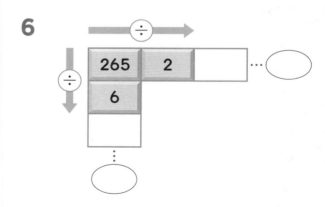

7

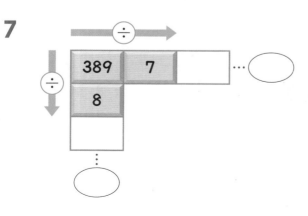

8

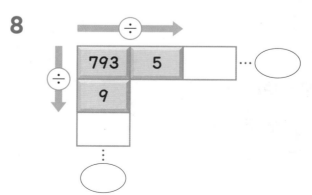

계산은 빠르고 정확하게!

걸린 시간	1~8분	8~12분	12~16분
맞은 개수	15~16개	12~14개	1~11개
평가	참 잘했어요.	잘했어요.	좀더 노력해요.

나눗셈을 하여 몫은 ☐ 안에, 나머지는 ◯ 안에 써넣으시오. (9~16)

9

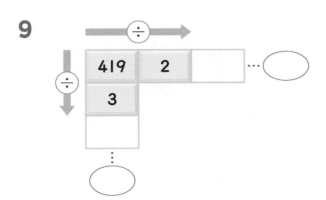

10

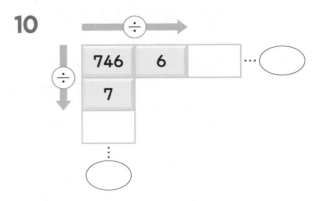

11

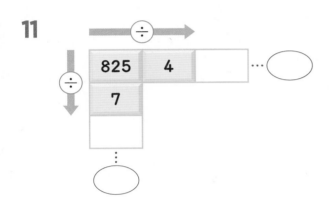

12

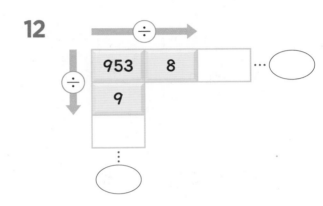

13

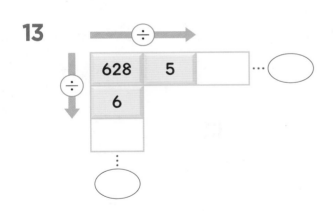

14

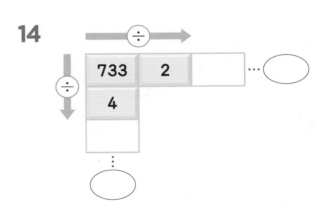

15

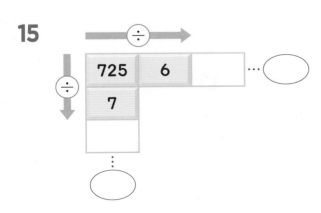

16

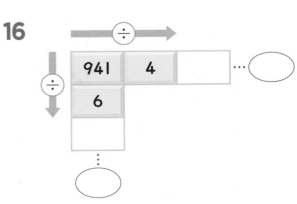

⏰ □ 안에 알맞은 수를 써넣으시오. (1~15)

1
```
    1 2 □
  ×     4
  □ 9 2
```

2
```
    3 3 □
  ×     2
  □ 7 6
```

3
```
    2 3 □
  ×     3
  □ □ 8
```

4
```
    1 3 4
  ×     □
  □ □ 0
```

5
```
    2 4 6
  ×     □
  □ □ 8
```

6
```
    2 3 1
  ×     □
  □ □ 4
```

7
```
    6 2 3
  ×     □
  □ □ 4 6
```

8
```
    7 3 2
  ×     □
  □ □ 2 8
```

9
```
    8 3 2
  ×     □
  □ □ 9 6
```

10
```
    6 □ 7
  ×     4
  □ 6 2 8
```

11
```
    6 □ 4
  ×     3
  □ □ 2 2
```

12
```
    4 □ 3
  ×     7
  □ □ 6 1
```

13
```
    □ 3 3
  ×     5
  2 1 □ □
```

14
```
    □ 7 2
  ×     6
  3 4 □ □
```

15
```
    □ 5 9
  ×     2
  1 7 □ □
```

⏰ ☐ 안에 알맞은 수를 써넣으시오. (16~24)

16
```
    ☐ 7
×   4 ☐
  ☐ 3 5
1 ☐ 8 0
1 ☐ ☐ ☐
```

17
```
    ☐ 4
×   5 ☐
  ☐ 3 8
☐ ☐ 0 0
☐ ☐ ☐ ☐
```

18
```
    ☐ 6
×   3 ☐
  ☐ 7 6
☐ 3 8 0
☐ ☐ ☐ ☐
```

19
```
    ☐ 3
×   4 ☐
  4 ☐ 7
☐ ☐ 2 0
☐ ☐ ☐ ☐
```

20
```
    ☐ 8
×   3 ☐
  4 ☐ 6
2 ☐ 4 0
☐ ☐ ☐ ☐
```

21
```
    ☐ 5
×   6 ☐
  2 ☐ 5
4 ☐ 0 0
☐ ☐ ☐ ☐
```

22
```
    5 ☐
×   ☐ 7
  ☐ ☐ 5
☐ 6 5 0
☐ ☐ ☐ ☐
```

23
```
    4 ☐
×   ☐ 6
  ☐ 9 4
☐ ☐ 6 0
☐ ☐ ☐ ☐
```

24
```
    3 ☐
×   ☐ 8
  ☐ ☐ 2
☐ ☐ 0 0
☐ ☐ ☐ ☐
```

15 신기한 연산(2)

⏰ □ 안에 알맞은 수를 써넣어 나눗셈식을 완성하시오. (1~9)

1

```
      □ □
 3 ) □ □
   □  1
     □  2
     □ □
        0
```

2

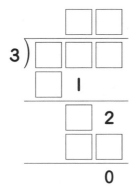

```
      □ □
 4 ) □ 4 □
   3 □
     □  0
     □ □
        0
```

3

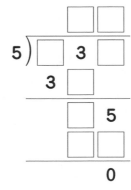

```
      □ □
 5 ) □ 3 □
   3 □
     □  5
     □ □
        0
```

4

```
      □ □
 7 ) □ 1 □
   □  8
     □ □
     □ □
        0
```

5

```
      □ □
 8 ) □ 1 □
   □  8
     □ □
     □ □
        0
```

6

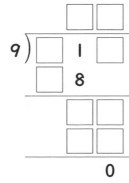

```
      □ □
 9 ) □ 1 □
   □  8
     □ □
     □ □
        0
```

7

```
      □ □
 5 ) □ 4 □
   3 □
     □  0
     □ □
        0
```

8

```
      □ □
 7 ) □ □ □
   □  6
     □  5
     □ □
        0
```

9

```
      □ □
 9 ) □ □ □
   8 □
     □  7
     □ □
        0
```

계산은 빠르고 정확하게!

걸린 시간	1~10분	10~15분	15~20분
맞은 개수	14~15개	11~13개	1~10개
평가	참 잘했어요.	잘했어요.	좀더 노력해요.

다음 나눗셈에서 나누는 수는 한 자리 수일 때 ☐ 안에 알맞은 수를 써넣으시오. (10 ~ 15)

10 $61 \div \boxed{} = \boxed{} \cdots 1$ $\qquad$ $61 \div \boxed{} = \boxed{} \cdots 1$

$61 \div \boxed{} = \boxed{} \cdots 1$ $\qquad$ $61 \div \boxed{} = \boxed{} \cdots 1$

$61 \div \boxed{} = \boxed{} \cdots 1$

11 $92 \div \boxed{} = \boxed{} \cdots 2$ $\qquad$ $92 \div \boxed{} = \boxed{} \cdots 2$

$92 \div \boxed{} = \boxed{} \cdots 2$ $\qquad$ $92 \div \boxed{} = \boxed{} \cdots 2$

12 $57 \div \boxed{} = \boxed{} \cdots 1$ $\qquad$ $57 \div \boxed{} = \boxed{} \cdots 1$

$57 \div \boxed{} = \boxed{} \cdots 1$ $\qquad$ $57 \div \boxed{} = \boxed{} \cdots 1$

13 $75 \div \boxed{} = \boxed{} \cdots 3$ $\qquad$ $75 \div \boxed{} = \boxed{} \cdots 3$

$75 \div \boxed{} = \boxed{} \cdots 3$ $\qquad$ $75 \div \boxed{} = \boxed{} \cdots 3$

14 $62 \div \boxed{} = \boxed{} \cdots 2$ $\qquad$ $62 \div \boxed{} = \boxed{} \cdots 2$

$62 \div \boxed{} = \boxed{} \cdots 2$ $\qquad$ $62 \div \boxed{} = \boxed{} \cdots 2$

15 $98 \div \boxed{} = \boxed{} \cdots 2$ $\qquad$ $98 \div \boxed{} = \boxed{} \cdots 2$

$98 \div \boxed{} = \boxed{} \cdots 2$ $\qquad$ $98 \div \boxed{} = \boxed{} \cdots 2$

확인 평가

🕐 계산을 하시오. (1 ~ 15)

1
$$
\begin{array}{r}
1\,2\,3 \\
\times\quad 3 \\
\hline
\end{array}
$$

2
$$
\begin{array}{r}
2\,3\,4 \\
\times\quad 2 \\
\hline
\end{array}
$$

3
$$
\begin{array}{r}
3\,2\,3 \\
\times\quad 3 \\
\hline
\end{array}
$$

4
$$
\begin{array}{r}
1\,2\,6 \\
\times\quad 3 \\
\hline
\end{array}
$$

5
$$
\begin{array}{r}
1\,4\,2 \\
\times\quad 4 \\
\hline
\end{array}
$$

6
$$
\begin{array}{r}
2\,7\,3 \\
\times\quad 3 \\
\hline
\end{array}
$$

7
$$
\begin{array}{r}
4\,2\,4 \\
\times\quad 3 \\
\hline
\end{array}
$$

8
$$
\begin{array}{r}
3\,5\,2 \\
\times\quad 4 \\
\hline
\end{array}
$$

9
$$
\begin{array}{r}
5\,4\,7 \\
\times\quad 6 \\
\hline
\end{array}
$$

10
$$
\begin{array}{r}
4\,3 \\
\times\quad 2\,4 \\
\hline
\end{array}
$$

11
$$
\begin{array}{r}
3\,7 \\
\times\quad 5\,6 \\
\hline
\end{array}
$$

12
$$
\begin{array}{r}
6\,4 \\
\times\quad 3\,8 \\
\hline
\end{array}
$$

13
$$
\begin{array}{r}
3\,4 \\
\times\quad 3\,6 \\
\hline
\end{array}
$$

14
$$
\begin{array}{r}
6\,3 \\
\times\quad 6\,7 \\
\hline
\end{array}
$$

15
$$
\begin{array}{r}
7\,2 \\
\times\quad 7\,8 \\
\hline
\end{array}
$$

주어진 숫자 카드를 사용하여 곱이 가장 큰 곱셈식을 만들고 곱을 구하시오. (16 ~ 21)

16

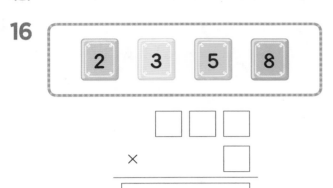

```
  □ □ □
×     □
───────
□□□□□□
```

17

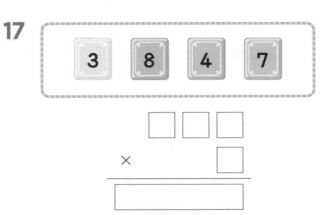

```
  □ □ □
×     □
───────
□□□□□□
```

18

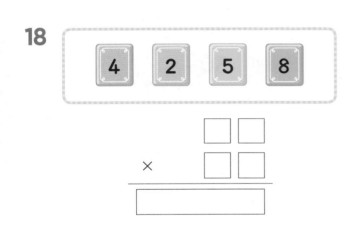

```
    □ □
×   □ □
───────
□□□□□□
```

19

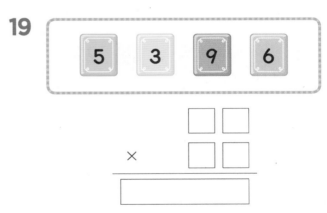

```
    □ □
×   □ □
───────
□□□□□□
```

20

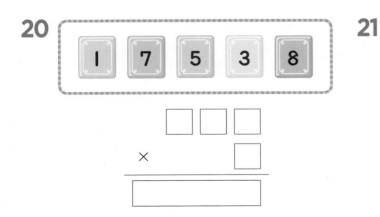

```
  □ □ □
×     □
───────
□□□□□□
```

21

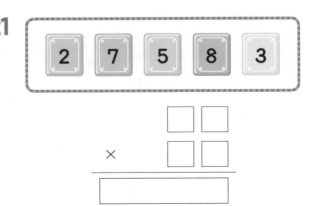

```
    □ □
×   □ □
───────
□□□□□□
```

🕐 계산을 하시오. (22~30)

22
$2 \overline{)24}$

23
$3 \overline{)69}$

24
$4 \overline{)84}$

25
$3 \overline{)72}$

26
$5 \overline{)85}$

27
$4 \overline{)96}$

28
$3 \overline{)429}$

29
$4 \overline{)732}$

30
$5 \overline{)985}$

🕐 계산을 하여 몫과 나머지를 쓰시오. (31~34)

31
$5 \overline{)78}$ ➡

몫	
나머지	

32
$6 \overline{)94}$ ➡

몫	
나머지	

33
$8 \overline{)365}$ ➡

몫	
나머지	

34
$7 \overline{)484}$ ➡

몫	
나머지	

2

분수

• 오른쪽 그림에서 색칠한 부분은 전체를 똑같이 **2**로 나눈 것 중의 **1**입니다.

이것을 $\dfrac{1}{2}$이라 쓰고 2분의 1이라고 읽습니다.

$\dfrac{1}{2}$ ← 색칠한 부분의 수(분자)
← 전체를 똑같이 나눈 수(분모)

• 오른쪽 그림에서 색칠한 부분은 전체를 똑같이 **3**으로 나눈 것 중의 **2**입니다.

이것을 $\dfrac{2}{3}$라 쓰고 3분의 2라고 읽습니다.

• $\dfrac{1}{2}$, $\dfrac{1}{3}$, $\dfrac{3}{4}$, … 등과 같은 수를 분수라고 합니다.

🕐 **점을 이용하여 똑같이 나누어 보시오. (1~3)**

1 똑같이 둘로 나누시오.

 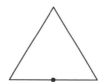 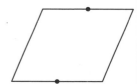

2 똑같이 셋으로 나누시오.

 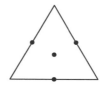 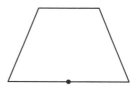

3 똑같이 넷으로 나누시오.

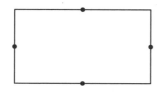 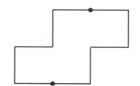 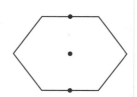

⏰ □ 안에 알맞은 수를 써넣으시오. (4~9)

4 부분 △ 은 전체 ◇ 를 똑같이 □ 로 나눈 것 중의 □ 입니다. ➡ $\dfrac{1}{\square}$

5 부분 △ 은 전체 △ 를 똑같이 □ 로 나눈 것 중의 □ 입니다. ➡ $\dfrac{\square}{\square}$

6 부분 △ 은 전체 ⬡ 를 똑같이 □ 로 나눈 것 중의 □ 입니다. ➡ $\dfrac{\square}{\square}$

7 부분 ◇ 은 전체 ⬡ 를 똑같이 □ 으로 나눈 것 중의 □ 입니다. ➡ $\dfrac{\square}{\square}$

8 부분 은 전체 ⬠ 를 똑같이 □ 로 나눈 것 중의 □ 입니다. ➡ $\dfrac{\square}{\square}$

9 부분 ▮ 은 전체 ▢ 를 똑같이 □ 로 나눈 것 중의 □ 입니다. ➡ $\dfrac{\square}{\square}$

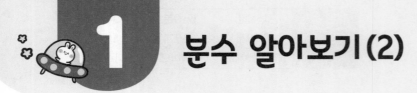

⏰ □ 안에 알맞게 써넣으시오. (1~5)

1

색칠한 부분은 전체를 똑같이 □로 나눈 것 중의 □이므로

□/□ 이라 쓰고, □□□□□ 이라고 읽습니다.

2

색칠한 부분은 전체를 똑같이 □으로 나눈 것 중의 □이므로

□/□ 라 쓰고, □□□□□ 라고 읽습니다.

3

색칠한 부분은 전체를 똑같이 □로 나눈 것 중의 □이므로

□/□ 이라 쓰고, □□□□□ 이라고 읽습니다.

4

색칠한 부분은 전체를 똑같이 □으로 나눈 것 중의 □이므로

□/□ 라 쓰고, □□□□□ 라고 읽습니다.

5

색칠한 부분은 전체를 똑같이 □로 나눈 것 중의 □이므로

□/□ 라 쓰고, □□□□□ 라고 읽습니다.

계산은 빠르고 정확하게!

걸린 시간	1~8분	8~12분	12~16분
맞은 개수	18~20개	14~17개	1~13개
평가	참 잘했어요.	잘했어요.	좀더 노력해요.

⏰ 전체에 대하여 색칠한 부분의 크기를 분수로 나타내시오. (6 ~ 14)

6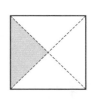

(   )

7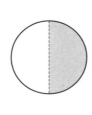

(   )

8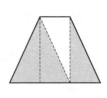

(   )

9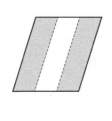

(   )

10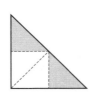

(   )

11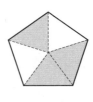

(   )

12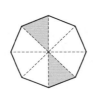

(   )

13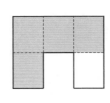

(   )

14

(   )

⏰ 주어진 분수만큼 색칠하시오. (15 ~ 20)

15 $\frac{1}{3}$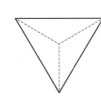

16 $\frac{3}{4}$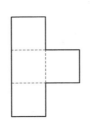

17 $\frac{2}{5}$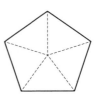

18 $\frac{5}{6}$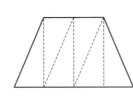

19 $\frac{4}{7}$

20 $\frac{3}{8}$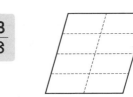

🕐 그림에 분수만큼 색칠하고 ☐ 안에 알맞은 수를 써넣으시오. (1~6)

1 $\dfrac{1}{3}$ $\dfrac{2}{3}$ $\dfrac{2}{3}$는 $\dfrac{1}{3}$이 ☐개입니다.

2 $\dfrac{1}{4}$ $\dfrac{2}{4}$ $\dfrac{2}{4}$는 $\dfrac{1}{4}$이 ☐개입니다.

3 $\dfrac{1}{8}$ $\dfrac{5}{8}$ $\dfrac{5}{8}$는 $\dfrac{1}{8}$이 ☐개입니다.

4 $\dfrac{1}{5}$ $\dfrac{3}{5}$ $\dfrac{3}{5}$은 $\dfrac{1}{5}$이 ☐개입니다.

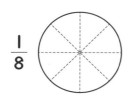
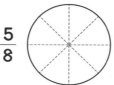

5 $\dfrac{1}{7}$ $\dfrac{4}{7}$ $\dfrac{4}{7}$는 $\dfrac{1}{7}$이 ☐개입니다.

6 $\dfrac{1}{6}$ $\dfrac{5}{6}$ $\dfrac{5}{6}$는 $\dfrac{1}{6}$이 ☐개입니다.

⏰ ☐ 안에 알맞은 수를 써넣으시오. (7~20)

7 $\dfrac{2}{6}$는 $\dfrac{1}{6}$이 ☐개입니다.

8 $\dfrac{3}{7}$은 $\dfrac{1}{7}$이 ☐개입니다.

9 $\dfrac{4}{5}$는 $\dfrac{1}{5}$이 ☐개입니다.

10 $\dfrac{7}{10}$은 $\dfrac{1}{10}$이 ☐개입니다.

11 $\dfrac{5}{9}$는 $\dfrac{1}{9}$이 ☐개입니다.

12 $\dfrac{6}{8}$은 $\dfrac{1}{8}$이 ☐개입니다.

13 $\dfrac{2}{5}$는 $\dfrac{\square}{\square}$이 2개입니다.

14 $\dfrac{6}{11}$은 $\dfrac{\square}{\square}$이 6개입니다.

15 $\dfrac{3}{4}$은 $\dfrac{\square}{\square}$이 3개입니다.

16 $\dfrac{5}{6}$는 $\dfrac{\square}{\square}$이 5개입니다.

17 $\dfrac{4}{15}$는 $\dfrac{\square}{\square}$이 4개입니다.

18 $\dfrac{9}{12}$는 $\dfrac{\square}{\square}$이 9개입니다.

19 $\dfrac{13}{20}$은 $\dfrac{\square}{\square}$이 ☐개입니다.

20 $\dfrac{7}{15}$은 $\dfrac{\square}{\square}$이 ☐개입니다.

✿ 부분은 전체의 얼마인지 분수로 나타내기

사탕 10개를 2개씩 묶어 보면 5묶음입니다.

사탕 2개는 사탕 10개를 똑같이 5묶음으로 나눈 것 중의 1묶음입니다.

2는 10의 $\frac{1}{5}$, 4는 10의 $\frac{2}{5}$, 6은 10의 $\frac{3}{5}$, 8은 10의 $\frac{4}{5}$입니다.

⏰ **24를 3씩 묶고 ☐ 안에 알맞은 수를 써넣으시오. (1~5)**

1 3은 24를 똑같이 ☐ 묶음으로 나눈 것 중의 ☐ 묶음입니다.

3은 24의 얼마입니까? ➡ ☐/☐

2 6은 24를 똑같이 ☐ 묶음으로 나눈 것 중의 ☐ 묶음입니다.

6은 24의 얼마입니까? ➡ ☐/☐

3 9는 24를 똑같이 ☐ 묶음으로 나눈 것 중의 ☐ 묶음입니다.

9는 24의 얼마입니까? ➡ ☐/☐

4 15는 24를 똑같이 ☐ 묶음으로 나눈 것 중의 ☐ 묶음입니다.

15는 24의 얼마입니까? ➡ ☐/☐

5 21은 24를 똑같이 ☐ 묶음으로 나눈 것 중의 ☐ 묶음입니다.

21은 24의 얼마입니까? ➡ ☐/☐

배가 18개 있습니다. 2개씩 묶고 ☐ 안에 알맞은 수를 써넣으시오. (6~12)

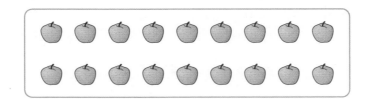

6 배 2개는 18개를 ☐ 묶음으로 나눈 것 중의 ☐ 묶음입니다. ➡ ☐/☐

2는 18의 얼마입니까?

7 배 4개는 18개를 ☐ 묶음으로 나눈 것 중의 ☐ 묶음입니다. ➡ ☐/☐

4는 18의 얼마입니까?

8 배 6개는 18개를 ☐ 묶음으로 나눈 것 중의 ☐ 묶음입니다. ➡ ☐/☐

6은 18의 얼마입니까?

9 배 8개는 18개를 ☐ 묶음으로 나눈 것 중의 ☐ 묶음입니다. ➡ ☐/☐

8은 18의 얼마입니까?

10 배 10개는 18개를 ☐ 묶음으로 나눈 것 중의 ☐ 묶음입니다. ➡ ☐/☐

10은 18의 얼마입니까?

11 배 14개는 18개를 ☐ 묶음으로 나눈 것 중의 ☐ 묶음입니다. ➡ ☐/☐

14는 18의 얼마입니까?

12 배 16개는 18개를 ☐ 묶음으로 나눈 것 중의 ☐ 묶음입니다. ➡ ☐/☐

16은 18의 얼마입니까?

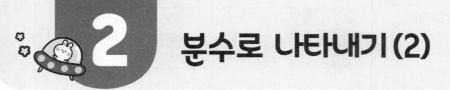

학습 날짜
월   일

⏰ □ 안에 알맞은 수를 써넣으시오. (1~3)

1

(1) 18을 3씩 묶으면 12는 ☐ 묶음 중 ☐ 묶음이므로 12는 18의 $\frac{\square}{\square}$ 입니다.

(2) 18을 3씩 묶으면 15는 ☐ 묶음 중 ☐ 묶음이므로 15는 18의 $\frac{\square}{\square}$ 입니다.

2

(1) 16을 4씩 묶으면 4는 ☐ 묶음 중 ☐ 묶음이므로 4는 16의 $\frac{\square}{\square}$ 입니다.

(2) 16을 4씩 묶으면 12는 ☐ 묶음 중 ☐ 묶음이므로 12는 16의 $\frac{\square}{\square}$ 입니다.

3

(1) 25를 5씩 묶으면 5는 ☐ 묶음 중 ☐ 묶음이므로 5는 25의 $\frac{\square}{\square}$ 입니다.

(2) 25를 5씩 묶으면 15는 ☐ 묶음 중 ☐ 묶음이므로 15는 25의 $\frac{\square}{\square}$ 입니다.

⏰ □ 안에 알맞은 수를 써넣으시오. (4~7)

4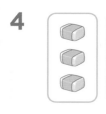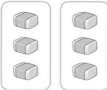

(1) 12를 3씩 묶으면 3은 12의 $\frac{□}{□}$ 입니다.

(2) 12를 3씩 묶으면 9는 12의 $\frac{□}{□}$ 입니다.

5

(1) 20을 4씩 묶으면 8은 20의 $\frac{□}{□}$ 입니다.

(2) 20을 4씩 묶으면 12는 20의 $\frac{□}{□}$ 입니다.

6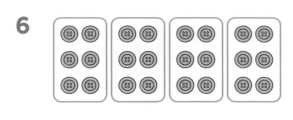

(1) 24를 6씩 묶으면 12는 24의 $\frac{□}{□}$ 입니다.

(2) 24를 6씩 묶으면 18은 24의 $\frac{□}{□}$ 입니다.

7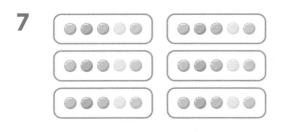

(1) 30을 5씩 묶으면 20은 30의 $\frac{□}{□}$ 입니다.

(2) 30을 5씩 묶으면 25는 30의 $\frac{□}{□}$ 입니다.

학습 날짜

월
일

- 사과 6개를 똑같이 3묶음으로 나눈 것 중의 1묶음은 2개입니다.

  ➡ 6의 $\frac{1}{3}$은 2입니다.

- 사과 6개를 똑같이 3묶음으로 나눈 것 중의 2묶음은 4개입니다.

  ➡ 6의 $\frac{2}{3}$은 4입니다.

🕐 그림을 보고 ☐ 안에 알맞은 수를 써넣으시오. (1~2)

1

(1) 사과 15개를 똑같이 5묶음으로 묶어 보시오.

(2) 한 묶음은 ☐ 개입니다.

(3) 한 묶음은 전체의 $\frac{\square}{\square}$입니다.

(4) 15의 $\frac{1}{5}$은 ☐ 입니다.

(5) 15의 $\frac{2}{5}$는 ☐ 입니다.

(6) 15의 $\frac{3}{5}$은 ☐ 입니다.

(7) 15의 $\frac{4}{5}$는 ☐ 입니다.

2

(1) 사탕 14개를 똑같이 7묶음으로 묶어 보시오.

(2) 한 묶음은 ☐ 개입니다.

(3) 한 묶음은 전체의 $\frac{\square}{\square}$입니다.

(4) 14의 $\frac{1}{7}$은 ☐ 입니다.

(5) 14의 $\frac{2}{7}$는 ☐ 입니다.

(6) 14의 $\frac{3}{7}$은 ☐ 입니다.

(7) 14의 $\frac{4}{7}$는 ☐ 입니다.

(8) 14의 $\frac{5}{7}$는 ☐ 입니다.

(9) 14의 $\frac{6}{7}$은 ☐ 입니다.

🕐 그림을 보고 ☐ 안에 알맞은 수를 써넣으시오. (3~6)

3

(1) 20의 $\frac{1}{5}$은 ☐ 입니다.

(2) 20의 $\frac{2}{5}$는 ☐ 입니다.

(3) 20의 $\frac{3}{5}$은 ☐ 입니다.

(4) 20의 $\frac{4}{5}$는 ☐ 입니다.

4

(1) 16의 $\frac{1}{8}$은 ☐ 입니다.

(2) 16의 $\frac{3}{8}$은 ☐ 입니다.

(3) 16의 $\frac{5}{8}$는 ☐ 입니다.

(4) 16의 $\frac{7}{8}$은 ☐ 입니다.

5

(1) 18의 $\frac{1}{6}$은 ☐ 입니다.

(2) 18의 $\frac{2}{6}$는 ☐ 입니다.

(3) 18의 $\frac{3}{6}$은 ☐ 입니다.

(4) 18의 $\frac{5}{6}$는 ☐ 입니다.

6

(1) 24의 $\frac{1}{8}$은 ☐ 입니다.

(2) 24의 $\frac{3}{8}$은 ☐ 입니다.

(3) 24의 $\frac{5}{8}$는 ☐ 입니다.

(4) 24의 $\frac{7}{8}$은 ☐ 입니다.

분수만큼은 얼마인지 알아보기 (2)

🕐 □ 안에 알맞은 수를 써넣으시오. (1~14)

1 8의 $\frac{1}{4}$은 8을 똑같이 4묶음으로 나눈 것 중의 1이므로 □입니다.

2 8의 $\frac{3}{4}$은 8을 똑같이 4묶음으로 나눈 것 중의 3이므로 □입니다.

3 15의 $\frac{1}{3}$은 □입니다.

4 18의 $\frac{1}{6}$은 □입니다.

5 64의 $\frac{1}{8}$은 □입니다.

6 36의 $\frac{1}{9}$은 □입니다.

7 14의 $\frac{1}{2}$은 □입니다.

8 42의 $\frac{1}{7}$은 □입니다.

9 18의 $\frac{2}{3}$는 □입니다.

10 20의 $\frac{3}{4}$은 □입니다.

11 25의 $\frac{3}{5}$은 □입니다.

12 36의 $\frac{3}{4}$은 □입니다.

13 30의 $\frac{2}{6}$는 □입니다.

14 32의 $\frac{5}{8}$은 □입니다.

⏰ □ 안에 알맞은 수를 써넣으시오. (15 ~ 30)

15 24의 $\dfrac{3}{4}$은 □ 입니다.

16 25의 $\dfrac{4}{5}$는 □ 입니다.

17 30의 $\dfrac{3}{5}$은 □ 입니다.

18 32의 $\dfrac{3}{8}$은 □ 입니다.

19 24의 $\dfrac{5}{6}$는 □ 입니다.

20 30의 $\dfrac{5}{6}$는 □ 입니다.

21 36의 $\dfrac{4}{9}$는 □ 입니다.

22 21의 $\dfrac{4}{7}$는 □ 입니다.

23 28의 $\dfrac{3}{4}$은 □ 입니다.

24 24의 $\dfrac{7}{8}$은 □ 입니다.

25 42의 $\dfrac{5}{6}$는 □ 입니다.

26 42의 $\dfrac{5}{7}$는 □ 입니다.

27 49의 $\dfrac{3}{7}$은 □ 입니다.

28 48의 $\dfrac{5}{8}$는 □ 입니다.

29 64의 $\dfrac{3}{8}$은 □ 입니다.

30 72의 $\dfrac{4}{9}$는 □ 입니다.

4 여러 가지 분수 알아보기 (1)

⭐ 진분수, 가분수, 자연수, 대분수 알아보기

- 진분수: $\dfrac{1}{5}$, $\dfrac{2}{5}$, $\dfrac{3}{5}$과 같이 분자가 분모보다 작은 분수를 진분수라고 합니다.

- 가분수: $\dfrac{5}{5}$, $\dfrac{6}{5}$, $\dfrac{7}{5}$과 같이 분자가 분모와 같거나 분모보다 큰 분수를 가분수라고 합니다.

- 자연수: $\dfrac{5}{5}$는 1과 같습니다. 1, 2, 3과 같은 수를 자연수라고 합니다.

- 대분수: 1과 $\dfrac{1}{5}$을 $1\dfrac{1}{5}$이라 쓰고 1과 5분의 1이라고 읽습니다.

  $1\dfrac{1}{5}$과 같이 자연수와 진분수로 이루어진 분수를 대분수라고 합니다.

⏰ □ 안에 진분수는 '진', 가분수는 '가', 대분수는 '대'라고 써넣으시오. (1~12)

1 $\dfrac{8}{5}$ ➡ □

2 $\dfrac{2}{9}$ ➡ □

3 $1\dfrac{2}{5}$ ➡ □

4 $\dfrac{5}{6}$ ➡ □

5 $\dfrac{9}{7}$ ➡ □

6 $3\dfrac{4}{5}$ ➡ □

7 $2\dfrac{7}{12}$ ➡ □

8 $\dfrac{8}{8}$ ➡ □

9 $\dfrac{6}{7}$ ➡ □

10 $8\dfrac{3}{8}$ ➡ □

11 $\dfrac{1}{4}$ ➡ □

12 $\dfrac{14}{8}$ ➡ □

⏰ 진분수를 모두 찾아 쓰시오. (13~15)

13

$$\frac{2}{3} \quad \frac{5}{4} \quad \frac{3}{3} \quad \frac{3}{5} \quad \frac{7}{6} \quad \frac{6}{8}$$

(   )

14

$$\frac{1}{3} \quad \frac{3}{4} \quad \frac{9}{6} \quad \frac{4}{4} \quad \frac{7}{9} \quad \frac{9}{8}$$

(   )

15

$$\frac{8}{8} \quad \frac{7}{8} \quad \frac{2}{5} \quad \frac{8}{7} \quad \frac{7}{4} \quad \frac{3}{8}$$

(   )

⏰ 색칠한 부분을 진분수로 나타내시오. (16~21)

16

17

18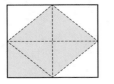

19

20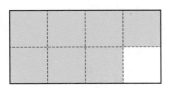

21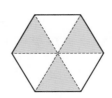

 학습 날짜
월   일

🕐 가분수를 모두 찾아 쓰시오. (1~3)

1

$$\frac{8}{5} \quad \frac{5}{9} \quad \frac{4}{3} \quad \frac{4}{8} \quad \frac{8}{10} \quad \frac{9}{5}$$

(   )

2

$$\frac{4}{7} \quad \frac{9}{9} \quad \frac{7}{9} \quad \frac{10}{10} \quad \frac{9}{4} \quad \frac{6}{8}$$

(   )

3

$$\frac{7}{9} \quad \frac{2}{7} \quad \frac{8}{4} \quad \frac{9}{7} \quad \frac{8}{8} \quad \frac{4}{5}$$

(   )

🕐 색칠한 부분을 가분수로 나타내시오. (4~6)

4

5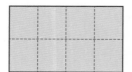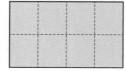

6

🕐 대분수를 모두 찾아 쓰시오. (7~9)

7

$$3\frac{3}{4} \quad \frac{3}{4} \quad \frac{8}{5} \quad 2\frac{3}{7} \quad 3\frac{1}{2} \quad \frac{8}{9}$$

(   )

8

$$\frac{9}{4} \quad \frac{8}{5} \quad 2\frac{2}{5} \quad \frac{7}{8} \quad 3\frac{2}{3} \quad \frac{8}{7}$$

(   )

9

$$3\frac{2}{6} \quad \frac{8}{2} \quad 5\frac{2}{3} \quad 6\frac{4}{5} \quad \frac{10}{9} \quad \frac{5}{7}$$

(   )

🕐 색칠한 부분을 대분수로 나타내시오. (10~12)

10

11

12

4 여러 가지 분수 알아보기 (3)

🕐 다음의 숫자 카드 중 **2**장을 사용하여 만들 수 있는 진분수를 모두 쓰고, ☐ 안에 알맞은 수를 써넣으시오. (**1~4**)

1
 ➡ (   ) ➡ 개

2
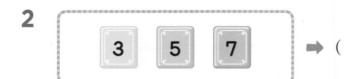 ➡ (   ) ➡ 개

3
 ➡ (   ) ➡ 개

4
 ➡ (   ) ➡ 개

🕐 다음의 숫자 카드를 사용하여 만들 수 있는 진분수를 모두 쓰고, ☐ 안에 알맞은 수를 써넣으시오. (**5~6**)

5
2 3 5 카드에 1 4 6 ➡ (   ) ➡ ☐개

6
2 5 8 ➡ (   ) ➡ ☐개

계산은 빠르고 정확하게!

⏰ 다음의 숫자 카드 중 **2장**을 사용하여 만들 수 있는 가분수를 모두 쓰고, ☐ 안에 알맞은 수를 써넣으시오. (7 ~ 10)

7

 ➡ (   ) ➡ ☐ 개

8

 ➡ (   ) ➡ ☐ 개

9

 ➡ (   ) ➡ ☐ 개

10

 ➡ (   ) ➡ ☐ 개

⏰ 다음의 숫자 카드를 사용하여 만들 수 있는 가분수를 모두 쓰고, ☐ 안에 알맞은 수를 써넣으시오. (11 ~ 12)

11

 ➡ (   ) ➡ ☐ 개

12

3   5   7   ➡ (   ) ➡ ☐ 개

4 여러 가지 분수 알아보기 (4)

⏰ 다음의 숫자 카드 **3**장을 사용하여 만들 수 있는 대분수를 모두 쓰고, ☐ 안에 알맞은 수를 써 넣으시오. **(1~6)**

1 [2] [3] [5] ➡ (   ) ➡ ☐ 개

2 [3] [5] [7] ➡ (   ) ➡ ☐ 개

3 [1] [4] [6] ➡ (   ) ➡ ☐ 개

4 [2] [5] [8] ➡ (   ) ➡ ☐ 개

5 [3] [6] [8] ➡ (   ) ➡ ☐ 개

6 [7] [2] [9] ➡ (   ) ➡ ☐ 개

계산은 빠르고 정확하게!

걸린 시간	1~12분	12~18분	18~24분
맞은 개수	10~11개	8~9개	1~7개
평가	참 잘했어요.	잘했어요.	좀더 노력해요.

다음의 숫자 카드 중 **3**장을 사용하여 만들 수 있는 대분수를 모두 쓰고, ☐ 안에 알맞은 수를 써넣으시오. (**7~11**)

7

 ➡ () ➡ ☐ 개

8

 ➡ () ➡ ☐ 개

9

 ➡ () ➡ ☐ 개

10

 ➡ ( ) ➡ ☐ 개

11

 ➡ ( ) ➡ ☐ 개

5 대분수를 가분수로, 가분수를 대분수로 나타내기(1)

학습 날짜
월
일

⭐ **대분수를 가분수로 나타내기**

[방법 ①] 자연수를 가분수로 나타내고 가분수와 진분수에서 분자의 합을 알아봅니다.

[방법 ②] 대분수의 자연수 부분과 분모의 곱에 분수 부분의 분자를 더해 가분수의 분자를 구합니다.

$$1\frac{3}{4}=1+\frac{3}{4}=\frac{4}{4}+\frac{3}{4}=\frac{7}{4} \qquad 1\frac{3}{4}=\frac{1\times4+3}{4}=\frac{7}{4}$$

⭐ **가분수를 대분수로 나타내기**

[방법 ①] 가분수를 자연수와 진분수의 합으로 나타낸 후 대분수로 나타냅니다.

[방법 ②] 분자를 분모로 나눈 후 몫은 자연수 부분으로 나머지는 분자로 나타냅니다.

$$\frac{13}{5}=\frac{10}{5}+\frac{3}{5}=2+\frac{3}{5}=2\frac{3}{5} \qquad \frac{13}{5} \Rightarrow 13\div5=2 \cdots 3 \Rightarrow 2\frac{3}{5}$$

⏰ ☐ 안에 알맞은 수를 써넣으시오. (1~8)

1 $1\frac{3}{5}=\square+\dfrac{\square}{5}=\dfrac{\square}{5}+\dfrac{\square}{5}$
$=\dfrac{\square}{5}$

2 $2\frac{5}{6}=\square+\dfrac{\square}{6}=\dfrac{\square}{6}+\dfrac{\square}{6}$
$=\dfrac{\square}{6}$

3 $3\frac{2}{4}=\square+\dfrac{\square}{4}=\dfrac{\square}{4}+\dfrac{\square}{4}$
$=\dfrac{\square}{4}$

4 $2\frac{4}{7}=\square+\dfrac{\square}{7}=\dfrac{\square}{7}+\dfrac{\square}{7}$
$=\dfrac{\square}{7}$

5 $4\frac{2}{5}=\square+\dfrac{\square}{5}=\dfrac{\square}{5}+\dfrac{\square}{5}$
$=\dfrac{\square}{5}$

6 $5\frac{2}{3}=\square+\dfrac{\square}{3}=\dfrac{\square}{3}+\dfrac{\square}{3}$
$=\dfrac{\square}{3}$

7 $3\frac{5}{7}=\square+\dfrac{\square}{7}=\dfrac{\square}{7}+\dfrac{\square}{7}$
$=\dfrac{\square}{7}$

8 $4\frac{4}{6}=\square+\dfrac{\square}{6}=\dfrac{\square}{6}+\dfrac{\square}{6}$
$=\dfrac{\square}{6}$

계산은 빠르고 정확하게!

걸린 시간	1~8분	8~12분	12~16분
맞은 개수	20~22개	16~19개	1~15개
평가	참 잘했어요.	잘했어요.	좀더 노력해요.

⏰ □ 안에 알맞은 수를 써넣으시오. (9 ~ 22)

9 $\quad 4\dfrac{5}{6} = \dfrac{4 \times \square + \square}{6} = \dfrac{\square}{6}$

10 $\quad 5\dfrac{3}{8} = \dfrac{\square \times 8 + \square}{8} = \dfrac{\square}{8}$

11 $\quad 6\dfrac{3}{4} = \dfrac{6 \times \square + \square}{4} = \dfrac{\square}{4}$

12 $\quad 7\dfrac{2}{5} = \dfrac{\square \times 5 + \square}{5} = \dfrac{\square}{5}$

13 $\quad 3\dfrac{2}{7} = \dfrac{3 \times \square + \square}{7} = \dfrac{\square}{7}$

14 $\quad 4\dfrac{7}{8} = \dfrac{\square \times 8 + \square}{8} = \dfrac{\square}{8}$

15 $\quad 5\dfrac{2}{9} = \dfrac{5 \times \square + \square}{9} = \dfrac{\square}{9}$

16 $\quad 6\dfrac{5}{6} = \dfrac{\square \times 6 + \square}{6} = \dfrac{\square}{6}$

17 $\quad 7\dfrac{2}{7} = \dfrac{\square \times \square + \square}{7} = \dfrac{\square}{7}$

18 $\quad 9\dfrac{3}{5} = \dfrac{\square \times \square + \square}{5} = \dfrac{\square}{5}$

19 $\quad 8\dfrac{3}{8} = \dfrac{\square \times \square + \square}{8} = \dfrac{\square}{8}$

20 $\quad 7\dfrac{4}{9} = \dfrac{\square \times \square + \square}{9} = \dfrac{\square}{9}$

21 $\quad 5\dfrac{3}{9} = \dfrac{\square \times \square + \square}{9} = \dfrac{\square}{9}$

22 $\quad 9\dfrac{4}{7} = \dfrac{\square \times \square + \square}{7} = \dfrac{\square}{7}$

5 대분수를 가분수로, 가분수를 대분수로 나타내기 (2)

⏰ □ 안에 알맞은 수를 써넣으시오. (1~14)

1 $\dfrac{3}{2} = \dfrac{\square}{2} + \dfrac{1}{2} = \square + \dfrac{1}{2} = \square\dfrac{\square}{2}$

2 $\dfrac{4}{3} = \dfrac{\square}{3} + \dfrac{1}{3} = \square + \dfrac{1}{3} = \square\dfrac{\square}{3}$

3 $\dfrac{7}{4} = \dfrac{\square}{4} + \dfrac{3}{4} = \square + \dfrac{3}{4} = \square\dfrac{\square}{4}$

4 $\dfrac{8}{3} = \dfrac{\square}{3} + \dfrac{2}{3} = \square + \dfrac{2}{3} = \square\dfrac{\square}{3}$

5 $\dfrac{13}{3} = \dfrac{\square}{3} + \dfrac{1}{3} = \square + \dfrac{1}{3} = \square\dfrac{\square}{3}$

6 $\dfrac{13}{4} = \dfrac{\square}{4} + \dfrac{1}{4} = \square + \dfrac{1}{4} = \square\dfrac{\square}{4}$

7 $\dfrac{14}{6} = \dfrac{\square}{6} + \dfrac{\square}{6} = \square + \dfrac{\square}{6}$
$= \square\dfrac{\square}{6}$

8 $\dfrac{17}{5} = \dfrac{\square}{5} + \dfrac{\square}{5} = \square + \dfrac{\square}{5}$
$= \square\dfrac{\square}{5}$

9 $\dfrac{17}{4} = \dfrac{\square}{4} + \dfrac{\square}{4} = \square + \dfrac{\square}{4}$
$= \square\dfrac{\square}{4}$

10 $\dfrac{19}{6} = \dfrac{\square}{6} + \dfrac{\square}{6} = \square + \dfrac{\square}{6}$
$= \square\dfrac{\square}{6}$

11 $\dfrac{25}{3} = \dfrac{\square}{3} + \dfrac{\square}{3} = \square + \dfrac{\square}{3}$
$= \square\dfrac{\square}{3}$

12 $\dfrac{38}{7} = \dfrac{\square}{7} + \dfrac{\square}{7} = \square + \dfrac{\square}{7}$
$= \square\dfrac{\square}{7}$

13 $\dfrac{20}{8} = \dfrac{\square}{8} + \dfrac{\square}{8} = \square + \dfrac{\square}{8}$
$= \square\dfrac{\square}{8}$

14 $\dfrac{40}{9} = \dfrac{\square}{9} + \dfrac{\square}{9} = \square + \dfrac{\square}{9}$
$= \square\dfrac{\square}{9}$

계산은 빠르고 정확하게!

걸린 시간	1~10분	10~15분	15~20분
맞은 개수	26~28개	20~25개	1~19개
평가	참 잘했어요.	잘했어요.	좀더 노력해요.

⏰ □ 안에 알맞은 수를 써넣으시오. (15~28)

15 $\dfrac{17}{5}$ ➡ □ ÷ □ = □ ⋯ □

➡ $\square\dfrac{\square}{5}$

16 $\dfrac{25}{6}$ ➡ □ ÷ □ = □ ⋯ □

➡ $\square\dfrac{\square}{6}$

17 $\dfrac{30}{7}$ ➡ □ ÷ □ = □ ⋯ □

➡ $\square\dfrac{\square}{7}$

18 $\dfrac{35}{8}$ ➡ □ ÷ □ = □ ⋯ □

➡ $\square\dfrac{\square}{8}$

19 $\dfrac{27}{4}$ ➡ □ ÷ □ = □ ⋯ □

➡ $\square\dfrac{\square}{4}$

20 $\dfrac{29}{3}$ ➡ □ ÷ □ = □ ⋯ □

➡ $\square\dfrac{\square}{3}$

21 $\dfrac{33}{5}$ ➡ □ ÷ □ = □ ⋯ □

➡ $\square\dfrac{\square}{5}$

22 $\dfrac{32}{6}$ ➡ □ ÷ □ = □ ⋯ □

➡ $\square\dfrac{\square}{6}$

23 $\dfrac{45}{7}$ ➡ □ ÷ □ = □ ⋯ □

➡ $\square\dfrac{\square}{7}$

24 $\dfrac{46}{8}$ ➡ □ ÷ □ = □ ⋯ □

➡ $\square\dfrac{\square}{8}$

25 $\dfrac{37}{9}$ ➡ □ ÷ □ = □ ⋯ □

➡ $\square\dfrac{\square}{9}$

26 $\dfrac{37}{4}$ ➡ □ ÷ □ = □ ⋯ □

➡ $\square\dfrac{\square}{4}$

27 $\dfrac{52}{6}$ ➡ □ ÷ □ = □ ⋯ □

➡ $\square\dfrac{\square}{6}$

28 $\dfrac{60}{7}$ ➡ □ ÷ □ = □ ⋯ □

➡ $\square\dfrac{\square}{7}$

6 분수의 크기 비교하기(1)

학습 날짜
월
일

- 분모가 같은 분수는 분자가 큰 분수가 더 큽니다.

  ➡ $3>2$이므로 $\dfrac{3}{4}>\dfrac{2}{4}$입니다.

- 분수 중에서 $\dfrac{1}{2}$, $\dfrac{1}{3}$, $\dfrac{1}{4}$, …과 같이 분자가 1인 분수를 단위분수라고 합니다.

- 분자가 1인 단위분수는 분모가 작은 분수가 더 큽니다.

  ➡ $3>2$이므로 $\dfrac{1}{3}<\dfrac{1}{2}$입니다.

- 분모가 같은 대분수의 크기는 자연수 부분이 클수록 크고, 자연수 부분이 같으면 분자가 클수록 큰 분수입니다. ➡ $3\dfrac{5}{8}>2\dfrac{7}{8}$, $3\dfrac{5}{7}<3\dfrac{6}{7}$

- 가분수와 대분수의 크기 비교는 가분수를 대분수로 고치거나 대분수를 가분수로 고친 후 비교합니다.

🕐 색칠한 부분이 나타내는 분수를 쓰고 크기를 비교하여 ○ 안에 >, =, <를 알맞게 써넣으시오. (1~6)

1

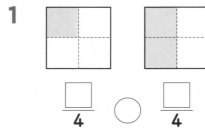

$\dfrac{\square}{4}$ ○ $\dfrac{\square}{4}$

2

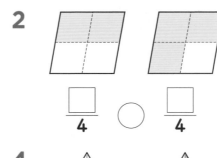

$\dfrac{\square}{4}$ ○ $\dfrac{\square}{4}$

3

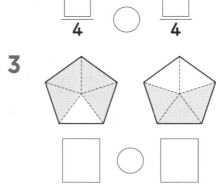

□ ○ □

4

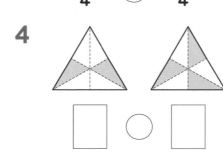

□ ○ □

5

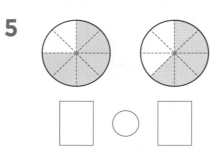

□ ○ □

6

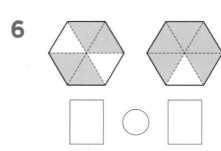

□ ○ □

⏰ 그림에 분수만큼 색칠하고 ○ 안에 >, <를 알맞게 써넣으시오. (7~10)

7 $\frac{1}{4}$ ⬜ $\frac{2}{4}$ ➡ $\frac{1}{4}$ ◯ $\frac{2}{4}$

8 $\frac{4}{6}$ ⬡ $\frac{3}{6}$ ➡ $\frac{4}{6}$ ◯ $\frac{3}{6}$

9 $\frac{5}{8}$ ◯ $\frac{7}{8}$ ➡ $\frac{5}{8}$ ◯ $\frac{7}{8}$

10 $\frac{5}{12}$ ⬡ $\frac{7}{12}$ ➡ $\frac{5}{12}$ ◯ $\frac{7}{12}$

⏰ ○ 안에 >, <를 알맞게 써넣으시오. (11~16)

11 $\frac{4}{5}$ ◯ $\frac{3}{5}$

12 $\frac{3}{6}$ ◯ $\frac{2}{6}$

13 $\frac{2}{7}$ ◯ $\frac{5}{7}$

14 $\frac{5}{8}$ ◯ $\frac{3}{8}$

15 $\frac{5}{9}$ ◯ $\frac{7}{9}$

16 $\frac{4}{5}$ ◯ $\frac{2}{5}$

6 분수의 크기 비교하기 (2)

⏰ 색칠한 부분이 나타내는 분수를 쓰고 크기를 비교하여 ○ 안에 >, =, <를 알맞게 써넣으시오. (1~8)

1

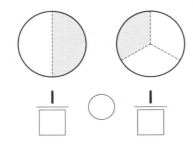

2

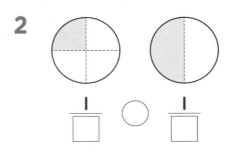

3

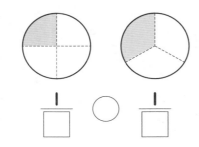

4

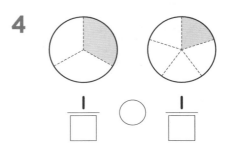

5

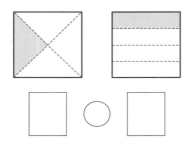

6

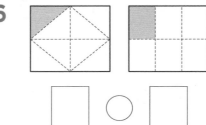

7

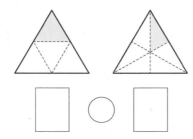

8

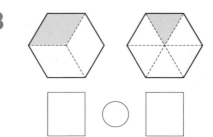

계산은 빠르고 정확하게!

걸린 시간	1~5분	5~8분	8~10분
맞은 개수	18~19개	14~17개	1~13개
평가	참 잘했어요.	잘했어요.	좀더 노력해요.

🕐 그림에 분수만큼 색칠하고 ○ 안에 >, <를 알맞게 써넣으시오. (9~11)

9 $\frac{1}{3}$

$\frac{1}{5}$

$\dfrac{1}{3}$ ○ $\dfrac{1}{5}$

10 $\frac{1}{4}$

$\frac{1}{6}$

$\dfrac{1}{4}$ ○ $\dfrac{1}{6}$

11 $\frac{1}{8}$

$\dfrac{1}{8}$ ○ $\dfrac{1}{4}$

🕐 ○ 안에 >, <를 알맞게 써넣으시오. (12~19)

12 $\dfrac{1}{5}$ ○ $\dfrac{1}{6}$

13 $\dfrac{1}{5}$ ○ $\dfrac{1}{4}$

14 $\dfrac{1}{7}$ ○ $\dfrac{1}{4}$

15 $\dfrac{1}{3}$ ○ $\dfrac{1}{7}$

16 $\dfrac{1}{8}$ ○ $\dfrac{1}{6}$

17 $\dfrac{1}{2}$ ○ $\dfrac{1}{7}$

18 $\dfrac{1}{10}$ ○ $\dfrac{1}{12}$

19 $\dfrac{1}{15}$ ○ $\dfrac{1}{12}$

6 분수의 크기 비교하기 (3)

🕐 분수의 크기를 비교하여 ○ 안에 >, =, <를 알맞게 써넣으시오. (1~16)

1 $2\frac{3}{4}$ ○ $3\frac{1}{4}$

2 $3\frac{2}{5}$ ○ $5\frac{1}{5}$

3 $4\frac{1}{6}$ ○ $3\frac{5}{6}$

4 $6\frac{2}{7}$ ○ $4\frac{6}{7}$

5 $5\frac{2}{5}$ ○ $5\frac{4}{5}$

6 $3\frac{7}{8}$ ○ $3\frac{3}{8}$

7 $6\frac{4}{7}$ ○ $6\frac{2}{7}$

8 $7\frac{3}{8}$ ○ $7\frac{5}{8}$

9 $\frac{17}{3}$ ○ $5\frac{2}{3}$

10 $\frac{21}{4}$ ○ $4\frac{3}{4}$

11 $6\frac{4}{5}$ ○ $\frac{29}{5}$

12 $7\frac{5}{6}$ ○ $\frac{50}{6}$

13 $\frac{50}{4}$ ○ $9\frac{3}{4}$

14 $\frac{45}{7}$ ○ $5\frac{6}{7}$

15 $8\frac{5}{6}$ ○ $\frac{49}{6}$

16 $9\frac{5}{8}$ ○ $\frac{77}{8}$

계산은 빠르고 정확하게!

걸린 시간	1~6분	6~9분	9~12분
맞은 개수	20~22개	16~19개	1~15개
평가	참 잘했어요.	잘했어요.	좀더 노력해요.

분수의 크기를 비교하여 가장 큰 분수부터 차례로 쓰시오. (17~22)

17

$5\frac{1}{5}$ $3\frac{2}{5}$ $4\frac{4}{5}$ ➡ (   )

18

$4\frac{1}{12}$ $4\frac{11}{12}$ $5\frac{5}{12}$ ➡ (   )

19

$3\frac{3}{8}$ $\frac{25}{8}$ $\frac{28}{8}$ ➡ (   )

20

$\frac{23}{7}$ $2\frac{5}{7}$ $\frac{20}{7}$ ➡ (   )

21

$3\frac{4}{5}$ $\frac{17}{5}$ $4\frac{1}{5}$ ➡ (   )

22

$4\frac{8}{9}$ $\frac{40}{9}$ $5\frac{1}{9}$ ➡ (   )

7 신기한 연산

🕐 주어진 5장의 숫자 카드 중 2장을 사용하여 만들 수 있는 3보다 큰 가분수를 모두 쓰고 □ 안에 알맞은 수를 써넣으시오. (1~3)

1
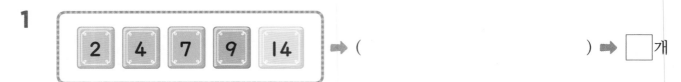 ➡ ( ) ➡ ☐개

2
 ➡ ( ) ➡ ☐개

3
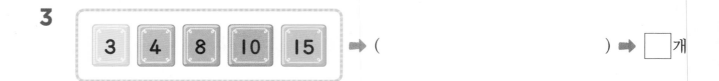 ➡ ( ) ➡ ☐개

🕐 주어진 5장의 숫자 카드 중 3장을 사용하여 만들 수 있는 6보다 큰 대분수를 모두 쓰고, □ 안에 알맞은 수를 써넣으시오. (4~6)

4
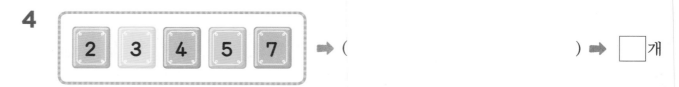 ➡ ( ) ➡ ☐개

5
2 1 4 5 6 ➡ ( ) ➡ ☐개

6
1 2 3 6 7 ➡ ( ) ➡ ☐개

⏰ ☆에 들어갈 수 있는 수를 모두 구하시오. (7~12)

7
$$\frac{14}{6} < ☆\frac{3}{6} < \frac{37}{6}$$
(   )

8
$$\frac{15}{7} < ☆\frac{6}{7} < \frac{45}{7}$$
(   )

9
$$\frac{30}{8} < ☆\frac{5}{8} < \frac{60}{8}$$
(   )

10
$$\frac{12}{3} < ☆\frac{2}{3} < \frac{31}{3}$$
(   )

11
$$\frac{13}{6} < ☆\frac{5}{6} < \frac{72}{6}$$
(   )

12
$$\frac{20}{9} < ☆\frac{4}{9} < \frac{89}{9}$$
(   )

확인 평가

🕐 □ 안에 알맞은 수를 써넣으시오. (1~12)

1 9를 3씩 묶으면 6은 9의 $\dfrac{\square}{\square}$ 입니다.

2 20을 5씩 묶으면 15는 20의 $\dfrac{\square}{\square}$ 입니다.

3 24를 6씩 묶으면 18은 24의 $\dfrac{\square}{\square}$ 입니다.

4 42를 7씩 묶으면 14는 42의 $\dfrac{\square}{\square}$ 입니다.

5 21의 $\dfrac{2}{3}$ 는 □ 입니다.

6 18의 $\dfrac{5}{6}$ 는 □ 입니다.

7 32의 $\dfrac{5}{8}$ 는 □ 입니다.

8 36의 $\dfrac{4}{9}$ 는 □ 입니다.

9 28의 $\dfrac{3}{7}$ 은 □ 입니다.

10 30의 $\dfrac{5}{6}$ 는 □ 입니다.

11 25의 $\dfrac{4}{5}$ 는 □ 입니다.

12 45의 $\dfrac{7}{9}$ 은 □ 입니다.

□ 안에 알맞은 수를 써넣으시오. (13 ~ 15)

13

$\dfrac{1}{3}$ $\dfrac{7}{4}$ $\dfrac{3}{5}$ $2\dfrac{1}{4}$ $\dfrac{5}{6}$ $3\dfrac{3}{4}$

진분수 : □개, 가분수 : □개, 대분수 : □개

14

$\dfrac{3}{4}$ $\dfrac{4}{4}$ $\dfrac{5}{4}$ $4\dfrac{1}{4}$ $2\dfrac{3}{8}$ $\dfrac{7}{8}$

진분수 : □개, 가분수 : □개, 대분수 : □개

15

$\dfrac{4}{5}$ $\dfrac{9}{5}$ $\dfrac{10}{5}$ $2\dfrac{3}{5}$ $4\dfrac{5}{6}$ $\dfrac{15}{5}$

진분수 : □개, 가분수 : □개, 대분수 : □개

다음의 숫자 카드를 모두 사용하여 만들 수 있는 진분수, 가분수, 대분수를 모두 쓰고 □ 안에 알맞은 수를 써넣으시오. (16 ~ 17)

16

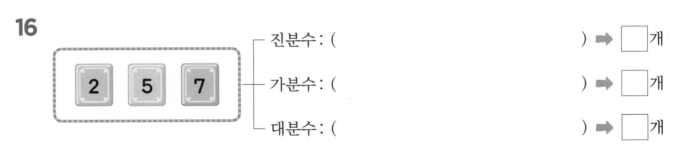

2 5 7

진분수 : (　　　　　) ➡ □개

가분수 : (　　　　　) ➡ □개

대분수 : (　　　　　) ➡ □개

17

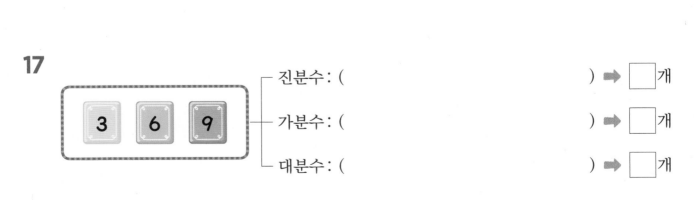

3 6 9

진분수 : (　　　　　) ➡ □개

가분수 : (　　　　　) ➡ □개

대분수 : (　　　　　) ➡ □개

⏰ 가분수는 대분수로, 대분수는 가분수로 고치시오. (18~25)

18 $\dfrac{9}{4}$ ➡ (   )　　　**19** $\dfrac{21}{5}$ ➡ (   )

20 $\dfrac{23}{6}$ ➡ (   )　　　**21** $\dfrac{45}{8}$ ➡ (   )

22 $3\dfrac{2}{5}$ ➡ (   )　　　**23** $4\dfrac{5}{7}$ ➡ (   )

24 $7\dfrac{1}{6}$ ➡ (   )　　　**25** $8\dfrac{3}{8}$ ➡ (   )

⏰ ○ 안에 >, =, <를 알맞게 써넣으시오. (26~33)

26 $\dfrac{4}{5}$ ○ $\dfrac{3}{5}$　　　**27** $\dfrac{1}{4}$ ○ $\dfrac{1}{6}$

28 $\dfrac{3}{4}$ ○ $\dfrac{5}{4}$　　　**29** $\dfrac{5}{7}$ ○ $1\dfrac{2}{7}$

30 $\dfrac{12}{7}$ ○ $1\dfrac{5}{7}$　　　**31** $4\dfrac{3}{5}$ ○ $5\dfrac{1}{5}$

32 $\dfrac{23}{6}$ ○ $2\dfrac{5}{6}$　　　**33** $4\dfrac{3}{8}$ ○ $\dfrac{30}{8}$

3

들이와 무게

1 들이의 단위 알아보기 (1)

- 들이의 단위에는 리터와 밀리리터가 있습니다. I 리터는 I L, I 밀리리터는 I mL라고 씁니다.

$$I L = I000 \ mL$$

I L   I mL

- I L보다 **700 mL** 더 많은 들이를 I L **700 mL**라 쓰고, I 리터 **700** 밀리리터라고 읽습니다.
  I L **700 mL**는 I**700 mL**와 같습니다.

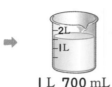

I L   700 mL   I L   700 mL

$$I L \ 700 \ mL = I L + 700 \ mL$$
$$= I000 \ mL + 700 \ mL$$
$$= I700 \ mL$$

🕐 **L와 mL 중 들이를 나타내는 데 알맞은 단위를 ☐ 안에 써넣으시오. (1~6)**

1

 ➡ ☐

요구르트병

2

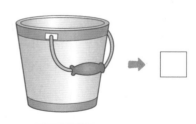 ➡ ☐

양동이

3

➡ ☐

종이컵

4

➡ ☐

물컵

5

 ➡ ☐

우유갑

6

 ➡ ☐

주전자

🕐 다음의 들이를 읽어 보시오. (7~14)

7 3 L ➡ ☐

8 35 L ➡ ☐

9 400 mL ➡ ☐

10 700 mL ➡ ☐

11 2 L 300 mL
➡ ☐

12 4 L 500 mL
➡ ☐

13 9 L 200 mL
➡ ☐

14 6 L 800 mL
➡ ☐

🕐 다음의 들이를 써 보시오. (15~22)

15 6 리터 ➡ ☐

16 7 리터 ➡ ☐

17 350 밀리리터 ➡ ☐

18 280 밀리리터 ➡ ☐

19 3 리터 500 밀리리터
➡ ☐

20 5 리터 600 밀리리터
➡ ☐

21 4 리터 550 밀리리터
➡ ☐

22 8 리터 300 밀리리터
➡ ☐

1 들이의 단위 알아보기 (2)

⏰ □ 안에 알맞은 수를 써넣으시오. (1~12)

1 3 L = ☐ mL

2 7 L = ☐ mL

3 2 L 400 mL
= ☐ L + 400 mL
= ☐ mL + ☐ mL
= ☐ mL

4 3 L 500 mL
= ☐ L + 500 mL
= ☐ mL + ☐ mL
= ☐ mL

5 4 L 200 mL
= ☐ L + 200 mL
= ☐ mL + ☐ mL
= ☐ mL

6 5 L 750 mL
= ☐ L + 750 mL
= ☐ mL + ☐ mL
= ☐ mL

7 3 L 250 mL
= ☐ L + ☐ mL
= ☐ mL + ☐ mL
= ☐ mL

8 7 L 450 mL
= ☐ L + ☐ mL
= ☐ mL + ☐ mL
= ☐ mL

9 3400 mL = ☐ mL + 400 mL
= ☐ L + ☐ mL
= ☐ L ☐ mL

10 5200 mL = ☐ mL + 200 mL
= ☐ L + ☐ mL
= ☐ L ☐ mL

11 6300 mL = ☐ mL + 300 mL
= ☐ L + ☐ mL
= ☐ L ☐ mL

12 4050 mL = ☐ mL + 50 mL
= ☐ L + ☐ mL
= ☐ L ☐ mL

⏰ ☐ 안에 알맞은 수를 써넣으시오. (13 ~ 28)

13 3 L 400 mL = ☐ mL

14 6 L 500 mL = ☐ mL

15 4 L 850 mL = ☐ mL

16 5 L 180 mL = ☐ mL

17 8 L 80 mL = ☐ mL

18 9 L 50 mL = ☐ mL

19 6 L 900 mL = ☐ mL

20 7 L 30 mL = ☐ mL

21 2900 mL = ☐ L ☐ mL

22 7800 mL = ☐ L ☐ mL

23 3470 mL = ☐ L ☐ mL

24 6320 mL = ☐ L ☐ mL

25 8010 mL = ☐ L ☐ mL

26 1090 mL = ☐ L ☐ mL

27 9025 mL = ☐ L ☐ mL

28 8075 mL = ☐ L ☐ mL

2 들이의 합과 차 알아보기(1)

☆ 들이의 합

2 L 300 mL + 1 L 400 mL
= 3 L 700 mL

```
    2 L  300 mL
+   1 L  400 mL
─────────────────
    3 L  700 mL
```

➡ L는 L끼리, mL는 mL끼리 더합니다.

➡ mL끼리의 합이 1000보다 크거나 같으면 1000 mL를 1 L로 받아올림 합니다.

☆ 들이의 차

5 L 600 mL − 3 L 200 mL
= 2 L 400 mL

```
    5 L  600 mL
−   3 L  200 mL
─────────────────
    2 L  400 mL
```

➡ L는 L끼리, mL는 mL끼리 뺍니다.

➡ mL끼리의 뺄 수 없으면 1 L를 1000 mL로 받아내림합니다.

⏰ 계산을 하시오. (1~9)

1

	L		mL
	3 L	200	mL
+	2 L	400	mL

2

	L		mL
	2 L	300	mL
+	4 L	500	mL

3

	L		mL
	4 L	400	mL
+	3 L	100	mL

4

	L		mL
	2 L	100	mL
+	5 L	500	mL

5

	L		mL
	4 L	600	mL
+	3 L	200	mL

6

	L		mL
	5 L	400	mL
+	3 L	300	mL

7

	L		mL
	4 L	300	mL
+	4 L	600	mL

8

	L		mL
	6 L	500	mL
+	3 L	400	mL

9

	L		mL
	7 L	200	mL
+	1 L	500	mL

⏰ ☐ 안에 알맞은 수를 써넣으시오. (10 ~ 23)

10 2 L 300 mL＋3 L 400 mL
= ☐ L ☐ mL

11 3 L 200 mL＋4 L 300 mL
= ☐ L ☐ mL

12 4 L 100 mL＋2 L 300 mL
= ☐ L ☐ mL

13 2 L 400 mL＋3 L 400 mL
= ☐ L ☐ mL

14 6 L 200 mL＋2 L 300 mL
= ☐ L ☐ mL

15 5 L 400 mL＋4 L 300 mL
= ☐ L ☐ mL

16 7 L 500 mL＋4 L 200 mL
= ☐ L ☐ mL

17 9 L 300 mL＋4 L 500 mL
= ☐ L ☐ mL

18 6 L 400 mL＋7 L 300 mL
= ☐ L ☐ mL

19 5 L 500 mL＋9 L 400 mL
= ☐ L ☐ mL

20 8 L 300 mL＋7 L 400 mL
= ☐ L ☐ mL

21 7 L 400 mL＋9 L 200 mL
= ☐ L ☐ mL

22 6 L 200 mL＋8 L 700 mL
= ☐ L ☐ mL

23 9 L 500 mL＋8 L 300 mL
= ☐ L ☐ mL

2 들이의 합과 차 알아보기 (2)

⏰ 계산을 하시오. (1~18)

1
	4 L	500 mL
+	2 L	700 mL

2
	5 L	300 mL
+	3 L	800 mL

3
	2 L	400 mL
+	5 L	900 mL

4
	3 L	600 mL
+	2 L	800 mL

5
	6 L	200 mL
+	3 L	900 mL

6
	4 L	400 mL
+	5 L	600 mL

7
	5 L	500 mL
+	9 L	800 mL

8
	6 L	700 mL
+	8 L	700 mL

9
	7 L	800 mL
+	9 L	900 mL

10
	6 L	425 mL
+	3 L	800 mL

11
	9 L	600 mL
+	8 L	700 mL

12
	7 L	800 mL
+	6 L	200 mL

13
	4 L	600 mL
+	9 L	545 mL

14
	5 L	700 mL
+	8 L	400 mL

15
	8 L	545 mL
+	7 L	900 mL

16
	9 L	700 mL
+	8 L	800 mL

17
	8 L	630 mL
+	7 L	620 mL

18
	9 L	925 mL
+	9 L	965 mL

⏰ □ 안에 알맞은 수를 써넣으시오. (19 ~ 32)

19 3 L 400 mL＋2 L 700 mL
= □ L □ mL

20 2 L 300 mL＋4 L 900 mL
= □ L □ mL

21 4 L 800 mL＋4 L 700 mL
= □ L □ mL

22 5 L 700 mL＋3 L 500 mL
= □ L □ mL

23 5 L 600 mL＋2 L 800 mL
= □ L □ mL

24 6 L 300 mL＋4 L 800 mL
= □ L □ mL

25 3 L 400 mL＋8 L 700 mL
= □ L □ mL

26 6 L 400 mL＋9 L 900 mL
= □ L □ mL

27 7 L 500 mL＋8 L 800 mL
= □ L □ mL

28 9 L 600 mL＋7 L 800 mL
= □ L □ mL

29 8 L 600 mL＋7 L 900 mL
= □ L □ mL

30 5 L 700 mL＋9 L 800 mL
= □ L □ mL

31 9 L 800 mL＋8 L 900 mL
= □ L □ mL

32 6 L 700 mL＋8 L 600 mL
= □ L □ mL

🕐 계산을 하시오. (1 ~ 18)

1

	4 L	300 mL
−	2 L	200 mL

2

	5 L	400 mL
−	4 L	100 mL

3

	6 L	500 mL
−	2 L	400 mL

4

	5 L	600 mL
−	3 L	500 mL

5

	6 L	700 mL
−	5 L	200 mL

6

	7 L	800 mL
−	3 L	400 mL

7

	7 L	700 mL
−	4 L	300 mL

8

	8 L	800 mL
−	3 L	500 mL

9

	9 L	900 mL
−	4 L	600 mL

10

	12 L	850 mL
−	7 L	650 mL

11

	14 L	920 mL
−	6 L	340 mL

12

	15 L	740 mL
−	8 L	280 mL

13

	13 L	800 mL
−	6 L	350 mL

14

	11 L	510 mL
−	8 L	270 mL

15

	16 L	930 mL
−	9 L	410 mL

16

	15 L	740 mL
−	9 L	570 mL

17

	16 L	690 mL
−	8 L	325 mL

18

	17 L	460 mL
−	9 L	270 mL

⏰ ☐ 안에 알맞은 수를 써넣으시오. (19 ~ 32)

19 3 L 400 mL − 1 L 200 mL
= ☐ L ☐ mL

20 4 L 500 mL − 3 L 200 mL
= ☐ L ☐ mL

21 5 L 300 mL − 2 L 100 mL
= ☐ L ☐ mL

22 6 L 700 mL − 4 L 200 mL
= ☐ L ☐ mL

23 7 L 600 mL − 3 L 300 mL
= ☐ L ☐ mL

24 8 L 900 mL − 5 L 400 mL
= ☐ L ☐ mL

25 10 L 800 mL − 2 L 500 mL
= ☐ L ☐ mL

26 12 L 400 mL − 7 L 200 mL
= ☐ L ☐ mL

27 15 L 700 mL − 8 L 300 mL
= ☐ L ☐ mL

28 13 L 600 mL − 4 L 300 mL
= ☐ L ☐ mL

29 16 L 300 mL − 9 L 100 mL
= ☐ L ☐ mL

30 14 L 800 mL − 9 L 600 mL
= ☐ L ☐ mL

31 17 L 700 mL − 8 L 400 mL
= ☐ L ☐ mL

32 13 L 900 mL − 9 L 700 mL
= ☐ L ☐ mL

2 들이의 합과 차 알아보기(4)

⏰ 계산을 하시오. (1~18)

1

	L	mL
	6 L	200 mL
−	2 L	400 mL

2

	L	mL
	8 L	400 mL
−	3 L	500 mL

3

	L	mL
	7 L	500 mL
−	4 L	700 mL

4

	L	mL
	7 L	300 mL
−	2 L	450 mL

5

	L	mL
	8 L	500 mL
−	3 L	750 mL

6

	L	mL
	9 L	600 mL
−	5 L	950 mL

7

	L	mL
	8 L	450 mL
−	2 L	700 mL

8

	L	mL
	9 L	550 mL
−	4 L	900 mL

9

	L	mL
	7 L	320 mL
−	4 L	600 mL

10

	L	mL
	12 L	400 mL
−	3 L	650 mL

11

	L	mL
	15 L	500 mL
−	7 L	850 mL

12

	L	mL
	16 L	600 mL
−	9 L	750 mL

13

	L	mL
	13 L	420 mL
−	8 L	570 mL

14

	L	mL
	14 L	630 mL
−	6 L	850 mL

15

	L	mL
	15 L	240 mL
−	7 L	420 mL

16

	L	mL
	16 L	350 mL
−	8 L	740 mL

17

	L	mL
	17 L	430 mL
−	9 L	770 mL

18

	L	mL
	18 L	520 mL
−	8 L	960 mL

⏰ ☐ 안에 알맞은 수를 써넣으시오. (19 ~ 32)

19 8 L 300 mL − 2 L 800 mL
= ☐ L ☐ mL

20 7 L 400 mL − 3 L 600 mL
= ☐ L ☐ mL

21 9 L 200 mL − 4 L 600 mL
= ☐ L ☐ mL

22 6 L 100 mL − 2 L 900 mL
= ☐ L ☐ mL

23 8 L 400 mL − 5 L 800 mL
= ☐ L ☐ mL

24 9 L 500 mL − 7 L 800 mL
= ☐ L ☐ mL

25 12 L 300 mL − 6 L 900 mL
= ☐ L ☐ mL

26 13 L 400 mL − 5 L 700 mL
= ☐ L ☐ mL

27 15 L 200 mL − 7 L 400 mL
= ☐ L ☐ mL

28 14 L 600 mL − 8 L 900 mL
= ☐ L ☐ mL

29 11 L 500 mL − 4 L 600 mL
= ☐ L ☐ mL

30 12 L 200 mL − 7 L 400 mL
= ☐ L ☐ mL

31 16 L 400 mL − 8 L 700 mL
= ☐ L ☐ mL

32 15 L 300 mL − 9 L 900 mL
= ☐ L ☐ mL

무게의 단위 알아보기 (1)

⭐ 무게의 단위 kg과 g 알아보기

• 무게의 단위에는 킬로그램과 그램이 있습니다. 1 킬로그램은 1 kg, 1 그램은 1 g이라고 씁니다. 1 킬로그램은 1000 그램과 같습니다.

$$1\ kg = 1000\ g$$

$$1\ kg \quad 1\ g$$

• 1 kg보다 200 g 더 무거운 무게를 1 kg 200 g이라 쓰고, 1 킬로그램 200 그램이라고 읽습니다. 1 kg 200 g은 1200 g과 같습니다.

$$1\ kg\ 200\ g = 1\ kg + 200\ g = 1000\ g + 200\ g = 1200\ g$$

⭐ 무게의 단위 t 알아보기

• 1000 kg의 무게를 1 t이라 쓰고 1 톤이라고 읽습니다.

$$1\ t$$

$$1000\ kg = 1\ t$$

🕐 다음의 무게를 읽어 보시오. (1~6)

1 500 g ➡ ▢

2 680 g ➡ ▢

3 2 kg 300 g
➡ ▢

4 5 kg 250 g
➡ ▢

5 4 t ➡ ▢

6 6 t 200 kg ➡ ▢

🕐 다음의 무게를 써 보시오. (7~12)

7 250 그램 ➡ ▢

8 920 그램 ➡ ▢

9 3 킬로그램 ➡ ▢

10 8 톤 ➡ ▢

11 7 킬로그램 400 그램
➡ ▢

12 5 톤 600 킬로그램
➡ ▢

계산은 빠르고 정확하게!

걸린 시간	1~5분	5~8분	8~10분
맞은 개수	19~20개	14~18개	1~13개
평가	참 잘했어요.	잘했어요.	좀더 노력해요.

저울의 눈금을 읽어 보시오. (13 ~ 20)

13

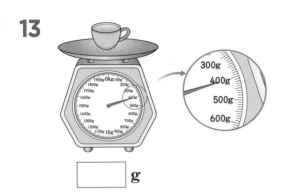

☐ g

14

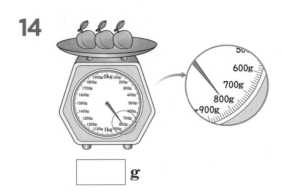

☐ g

15

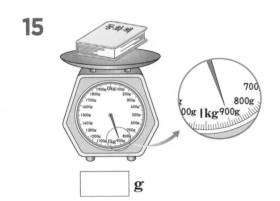

☐ g

16

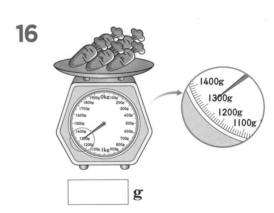

☐ g

17

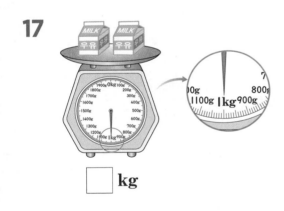

☐ kg

18

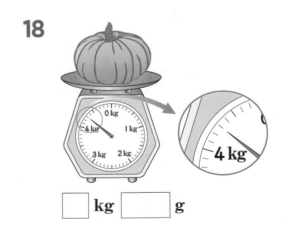

☐ kg ☐ g

19

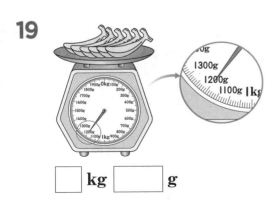

☐ kg ☐ g

20

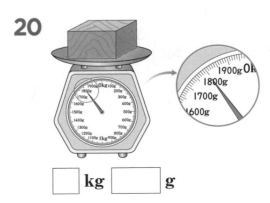

☐ kg ☐ g

⏰ ☐ 안에 알맞은 수를 써넣으시오. (1~18)

1 I kg = ☐ g

2 3 kg = ☐ g

3 5 kg = ☐ g

4 7 kg = ☐ g

5 2 kg 500 g = ☐ g

6 4 kg 700 g = ☐ g

7 6 kg 250 g = ☐ g

8 8 kg 750 g = ☐ g

9 2000 g = ☐ kg

10 5000 g = ☐ kg

11 7000 g = ☐ kg

12 9000 g = ☐ kg

13 3200 g = ☐ kg ☐ g

14 2700 g = ☐ kg ☐ g

15 6320 g = ☐ kg ☐ g

16 7580 g = ☐ kg ☐ g

17 4275 g = ☐ kg ☐ g

18 8565 g = ☐ kg ☐ g

계산은 빠르고 정확하게!

걸린 시간	1~6분	6~9분	9~12분
맞은 개수	33~36개	26~32개	1~25개
평가	참 잘했어요.	잘했어요.	좀더 노력해요.

□ 안에 알맞은 수를 써넣으시오. (19 ~ 36)

19 1 t = ☐ kg

20 4 t = ☐ kg

21 7 t = ☐ kg

22 9 t = ☐ kg

23 2 t 300 kg = ☐ kg

24 5 t 600 kg = ☐ kg

25 6 t 750 kg = ☐ kg

26 8 t 420 kg = ☐ kg

27 3000 kg = ☐ t

28 6000 kg = ☐ t

29 5000 kg = ☐ t

30 9000 kg = ☐ t

31 4200 kg = ☐ t ☐ kg

32 5700 kg = ☐ t ☐ kg

33 3250 kg = ☐ t ☐ kg

34 7650 kg = ☐ t ☐ kg

35 2357 kg = ☐ t ☐ kg

36 8425 kg = ☐ t ☐ kg

4 무게의 합과 차 알아보기 (1)

⭐ 무게의 합

5 kg 400 g + 3 kg 200 g
= 8 kg 600 g

```
    5 kg   400 g
+   3 kg   200 g
─────────────────
    8 kg   600 g
```

➡ kg은 kg끼리, g은 g끼리 더합니다.

➡ g끼리의 합이 1000보다 크거나 같으면 1000 g을 1 kg으로 받아올림합니다.

⭐ 무게의 차

5 kg 400 g − 3 kg 200 g
= 2 kg 200 g

```
    5 kg 400 g
−   3 kg 200 g
─────────────────
    2 kg 200 g
```

➡ kg은 kg끼리, g은 g끼리 뺍니다.

➡ g끼리 뺄 수 없으면 1 kg을 1000 g으로 받아내림합니다.

⏰ 계산을 하시오. (1~9)

1

	2 kg	300 g
+	3 kg	400 g

2

	3 kg	400 g
+	4 kg	200 g

3

	5 kg	500 g
+	1 kg	300 g

4

	3 kg	200 g
+	5 kg	600 g

5

	4 kg	400 g
+	2 kg	400 g

6

	5 kg	600 g
+	3 kg	300 g

7

	8 kg	150 g
+	4 kg	420 g

8

	7 kg	430 g
+	5 kg	380 g

9

	9 kg	520 g
+	6 kg	390 g

계산은 빠르고 정확하게!

걸린 시간	1~5분	5~8분	8~10분
맞은 개수	21~23개	17~20개	1~16개
평가	참 잘했어요.	잘했어요.	좀더 노력해요.

⏰ ☐ 안에 알맞은 수를 써넣으시오. (10 ~ 23)

10 3 kg 400 g + 4 kg 500 g
= ☐ kg ☐ g

11 4 kg 200 g + 5 kg 300 g
= ☐ kg ☐ g

12 5 kg 300 g + 2 kg 600 g
= ☐ kg ☐ g

13 2 kg 500 g + 4 kg 200 g
= ☐ kg ☐ g

14 6 kg 200 g + 4 kg 700 g
= ☐ kg ☐ g

15 8 kg 400 g + 5 kg 400 g
= ☐ kg ☐ g

16 5 kg 250 g + 4 kg 330 g
= ☐ kg ☐ g

17 6 kg 340 g + 7 kg 540 g
= ☐ kg ☐ g

18 7 kg 440 g + 8 kg 320 g
= ☐ kg ☐ g

19 8 kg 270 g + 2 kg 420 g
= ☐ kg ☐ g

20 6 kg 540 g + 3 kg 370 g
= ☐ kg ☐ g

21 5 kg 240 g + 8 kg 480 g
= ☐ kg ☐ g

22 9 kg 380 g + 7 kg 540 g
= ☐ kg ☐ g

23 8 kg 670 g + 9 kg 250 g
= ☐ kg ☐ g

4 무게의 합과 차 알아보기 (2)

⏰ 계산을 하시오. (1~18)

1

	kg	g
	2 kg	500 g
+	4 kg	600 g

2

	kg	g
	3 kg	600 g
+	5 kg	700 g

3

	kg	g
	4 kg	800 g
+	3 kg	400 g

4

	kg	g
	3 kg	400 g
+	5 kg	900 g

5

	kg	g
	4 kg	700 g
+	8 kg	500 g

6

	kg	g
	6 kg	800 g
+	7 kg	700 g

7

	kg	g
	3 kg	520 g
+	6 kg	700 g

8

	kg	g
	5 kg	870 g
+	4 kg	400 g

9

	kg	g
	7 kg	640 g
+	8 kg	900 g

10

	kg	g
	4 kg	700 g
+	5 kg	830 g

11

	kg	g
	6 kg	800 g
+	7 kg	640 g

12

	kg	g
	8 kg	900 g
+	9 kg	720 g

13

	kg	g
	5 kg	320 g
+	3 kg	890 g

14

	kg	g
	6 kg	470 g
+	2 kg	850 g

15

	kg	g
	7 kg	670 g
+	2 kg	830 g

16

	kg	g
	7 kg	925 g
+	4 kg	630 g

17

	kg	g
	8 kg	865 g
+	7 kg	955 g

18

	kg	g
	9 kg	375 g
+	8 kg	945 g

□ 안에 알맞은 수를 써넣으시오. (19 ~ 32)

19 4 kg 300 g + 3 kg 800 g
= ☐ kg ☐ g

20 5 kg 400 g + 3 kg 700 g
= ☐ kg ☐ g

21 2 kg 500 g + 4 kg 900 g
= ☐ kg ☐ g

22 3 kg 800 g + 6 kg 600 g
= ☐ kg ☐ g

23 6 kg 250 g + 3 kg 900 g
= ☐ kg ☐ g

24 7 kg 540 g + 6 kg 800 g
= ☐ kg ☐ g

25 8 kg 300 g + 5 kg 960 g
= ☐ kg ☐ g

26 9 kg 700 g + 6 kg 830 g
= ☐ kg ☐ g

27 3 kg 720 g + 4 kg 840 g
= ☐ kg ☐ g

28 4 kg 650 g + 5 kg 730 g
= ☐ kg ☐ g

29 6 kg 370 g + 5 kg 750 g
= ☐ kg ☐ g

30 8 kg 580 g + 8 kg 640 g
= ☐ kg ☐ g

31 7 kg 245 g + 8 kg 867 g
= ☐ kg ☐ g

32 9 kg 758 g + 7 kg 648 g
= ☐ kg ☐ g

4 무게의 합과 차 알아보기(3)

🕐 계산을 하시오. (1~18)

1

	5 kg	400 g
−	2 kg	200 g

2

	6 kg	500 g
−	1 kg	400 g

3

	7 kg	600 g
−	3 kg	200 g

4

	8 kg	500 g
−	2 kg	300 g

5

	9 kg	600 g
−	4 kg	400 g

6

	10 kg	800 g
−	3 kg	500 g

7

	4 kg	350 g
−	2 kg	200 g

8

	6 kg	570 g
−	3 kg	400 g

9

	8 kg	740 g
−	4 kg	500 g

10

	7 kg	400 g
−	2 kg	260 g

11

	8 kg	600 g
−	5 kg	380 g

12

	9 kg	700 g
−	3 kg	470 g

13

	12 kg	520 g
−	8 kg	370 g

14

	13 kg	640 g
−	7 kg	290 g

15

	15 kg	730 g
−	8 kg	480 g

16

	14 kg	675 g
−	8 kg	248 g

17

	16 kg	536 g
−	7 kg	345 g

18

	18 kg	754 g
−	9 kg	368 g

⏰ □ 안에 알맞은 수를 써넣으시오. (19 ~ 32)

19 4 kg 500 g − 1 kg 300 g
= □ kg □ g

20 4 kg 500 g − 1 kg 300 g
= □ kg □ g

21 6 kg 400 g − 2 kg 100 g
= □ kg □ g

22 7 kg 800 g − 3 kg 500 g
= □ kg □ g

23 8 kg 600 g − 4 kg 250 g
= □ kg □ g

24 9 kg 700 g − 3 kg 450 g
= □ kg □ g

25 6 kg 370 g − 3 kg 240 g
= □ kg □ g

26 7 kg 820 g − 5 kg 360 g
= □ kg □ g

27 10 kg 450 g − 5 kg 270 g
= □ kg □ g

28 12 kg 640 g − 7 kg 270 g
= □ kg □ g

29 15 kg 720 g − 6 kg 590 g
= □ kg □ g

30 14 kg 530 g − 8 kg 360 g
= □ kg □ g

31 16 kg 625 g − 9 kg 475 g
= □ kg □ g

32 17 kg 745 g − 8 kg 375 g
= □ kg □ g

무게의 합과 차 알아보기 (4)

⏰ 계산을 하시오. (1~18)

1

	kg	g
	6 kg	200 g
−	3 kg	800 g

2

	kg	g
	7 kg	400 g
−	4 kg	700 g

3

	kg	g
	8 kg	500 g
−	6 kg	900 g

4

	kg	g
	5 kg	250 g
−	4 kg	800 g

5

	kg	g
	6 kg	350 g
−	2 kg	700 g

6

	kg	g
	7 kg	470 g
−	3 kg	800 g

7

	kg	g
	7 kg	300 g
−	1 kg	750 g

8

	kg	g
	8 kg	500 g
−	3 kg	850 g

9

	kg	g
	9 kg	600 g
−	5 kg	950 g

10

	kg	g
	12 kg	150 g
−	4 kg	380 g

11

	kg	g
	13 kg	270 g
−	7 kg	630 g

12

	kg	g
	14 kg	420 g
−	5 kg	670 g

13

	kg	g
	13 kg	360 g
−	6 kg	580 g

14

	kg	g
	14 kg	540 g
−	8 kg	690 g

15

	kg	g
	16 kg	620 g
−	9 kg	850 g

16

	kg	g
	15 kg	325 g
−	8 kg	570 g

17

	kg	g
	17 kg	450 g
−	6 kg	685 g

18

	kg	g
	16 kg	215 g
−	7 kg	628 g

계산은 빠르고 정확하게!

걸린 시간	1~10분	10~15분	15~20분
맞은 개수	29~32개	23~28개	1~22개
평가	참 잘했어요.	잘했어요.	좀더 노력해요.

⏰ □ 안에 알맞은 수를 써넣으시오. (19~32)

19 5 kg 400 g − 2 kg 700 g
= □ kg □ g

20 6 kg 300 g − 4 kg 800 g
= □ kg □ g

21 7 kg 350 g − 3 kg 600 g
= □ kg □ g

22 8 kg 550 g − 5 kg 900 g
= □ kg □ g

23 6 kg 500 g − 3 kg 750 g
= □ kg □ g

24 9 kg 200 g − 6 kg 550 g
= □ kg □ g

25 10 kg 270 g − 6 kg 430 g
= □ kg □ g

26 12 kg 320 g − 5 kg 610 g
= □ kg □ g

27 11 kg 420 g − 3 kg 580 g
= □ kg □ g

28 13 kg 540 g − 7 kg 860 g
= □ kg □ g

29 14 kg 325 g − 8 kg 645 g
= □ kg □ g

30 15 kg 635 g − 7 kg 860 g
= □ kg □ g

31 13 kg 527 g − 9 kg 743 g
= □ kg □ g

32 16 kg 424 g − 8 kg 738 g
= □ kg □ g

양팔 저울과 **3**개의 추를 사용하여 무게를 재려고 합니다. 물음에 답하시오. **(1~2)**

100 g   140 g   200 g

1 주어진 **3**개의 추 중 **2**개를 사용하여 잴 수 있는 무게를 모두 구하시오.

◻ g + ◻ g = ◻ g   ◻ g − ◻ g = ◻ g

◻ g + ◻ g = ◻ g   ◻ g − ◻ g = ◻ g

◻ g + ◻ g = ◻ g   ◻ g − ◻ g = ◻ g

2 주어진 **3**개의 추를 모두 사용하여 잴 수 있는 무게를 모두 구하시오.

◻ g + ◻ g − ◻ g = ◻ g

◻ g + ◻ g − ◻ g = ◻ g

◻ g + ◻ g − ◻ g = ◻ g

◻ g + ◻ g + ◻ g = ◻ g

🕐 주어진 **3**개의 그릇을 사용하여 물의 양을 재려고 합니다. 물음에 답하시오. **(3 ~ 4)**

1 L 400 mL   2 L 700 mL   3 L 800 mL

3 주어진 **3**개의 그릇 중 **2**개를 사용하여 잴 수 있는 양을 모두 구하시오.

☐ L ☐ mL + ☐ L ☐ mL = ☐ L ☐ mL

☐ L ☐ mL + ☐ L ☐ mL = ☐ L ☐ mL

☐ L ☐ mL + ☐ L ☐ mL = ☐ L ☐ mL

☐ L ☐ mL − ☐ L ☐ mL = ☐ L ☐ mL

☐ L ☐ mL − ☐ L ☐ mL = ☐ L ☐ mL

☐ L ☐ mL − ☐ L ☐ mL = ☐ L ☐ mL

4 주어진 **3**개의 그릇을 모두 사용하여 잴 수 있는 양을 모두 구하시오.

☐ L ☐ mL + ☐ L ☐ mL − ☐ L ☐ mL = ☐ mL

☐ L ☐ mL + ☐ L ☐ mL − ☐ L ☐ mL = ☐ L ☐ mL

☐ L ☐ mL + ☐ L ☐ mL − ☐ L ☐ mL = ☐ L ☐ mL

☐ L ☐ mL + ☐ L ☐ mL + ☐ L ☐ mL = ☐ L ☐ mL

⏰ 다음을 읽어 보시오. (1~6)

1   4 L ➡ [   ]

2   520 mL ➡ [   ]

3   7 L 300 mL
   ➡ [   ]

4   300 g ➡ [   ]

5   2 kg 600 g
   ➡ [   ]

6   5 t 200 kg ➡ [   ]

⏰ ☐ 안에 알맞은 수를 써넣으시오. (7~18)

7   5 L = [   ] mL

8   3 L 400 mL = [   ] mL

9   4 L 20 mL = [   ] mL

10   3000 mL = [   ] L

11   6300 mL = [   ] L [   ] mL

12   7050 mL = [   ] L [   ] mL

13   3 kg = [   ] g

14   2 kg 600 g = [   ] g

15   5 kg 40 g = [   ] g

16   8000 g = [   ] kg

17   9200 g = [   ] kg [   ] g

18   7035 g = [   ] kg [   ] g

⏰ 들이의 합과 차를 구하시오. (19 ~ 32)

19
$$\begin{array}{r} 4\,\text{L}\quad 200\,\text{mL} \\ +\ 2\,\text{L}\quad 500\,\text{mL} \\ \hline \end{array}$$

20
$$\begin{array}{r} 8\,\text{L}\quad 400\,\text{mL} \\ -\ 7\,\text{L}\quad 100\,\text{mL} \\ \hline \end{array}$$

21
$$\begin{array}{r} 2\,\text{L}\quad 800\,\text{mL} \\ +\ 4\,\text{L}\quad 900\,\text{mL} \\ \hline \end{array}$$

22
$$\begin{array}{r} 7\,\text{L}\quad 500\,\text{mL} \\ -\ 4\,\text{L}\quad 900\,\text{mL} \\ \hline \end{array}$$

23
$$\begin{array}{r} 2\,\text{L}\quad 850\,\text{mL} \\ +\ 5\,\text{L}\quad 400\,\text{mL} \\ \hline \end{array}$$

24
$$\begin{array}{r} 9\,\text{L}\quad 300\,\text{mL} \\ -\ 1\,\text{L}\quad 550\,\text{mL} \\ \hline \end{array}$$

25
$$\begin{array}{r} 4\,\text{L}\quad 260\,\text{mL} \\ +\ 4\,\text{L}\quad 890\,\text{mL} \\ \hline \end{array}$$

26
$$\begin{array}{r} 9\,\text{L}\quad 450\,\text{mL} \\ -\ 2\,\text{L}\quad 980\,\text{mL} \\ \hline \end{array}$$

27 2 L 400 mL + 2 L 800 mL

28 5 L 400 mL − 2 L 600 mL

29 4 L 350 mL + 2 L 900 mL

30 7 L 550 mL − 4 L 800 mL

31 2 L 950 mL + 6 L 750 mL

32 4 L 850 mL − 1 L 950 mL

🕐 무게의 합과 차를 구하시오. (33 ~ 46)

33
```
      3 kg    500 g
   +  7 kg    200 g
```

34
```
      7 kg    600 g
   -  3 kg    200 g
```

35
```
      7 kg    400 g
   +  3 kg    900 g
```

36
```
      8 kg    700 g
   -  4 kg    100 g
```

37
```
      8 kg    900 g
   +  1 kg    600 g
```

38
```
      6 kg    300 g
   -  5 kg    400 g
```

39
```
      7 kg    200 g
   +  6 kg    900 g
```

40
```
     11 kg    450 g
   -  9 kg    980 g
```

41 5 kg 300 g+6 kg 900 g

42 9 kg 700 g−3 kg 900 g

43 6 kg 500 g+7 kg 800 g

44 7 kg 300 g−4 kg 500 g

45 4 kg 550 g+8 kg 750 g

46 15 kg 50 g−11 kg 850 g

Memo

Memo

초등 수학의 기본은 연산력!!

신기한 연산왕

정답 C-2 초3 수준

정답

1 올림이 없는 (세 자리 수)×(한 자리 수)(1)

 월 일

➡ 214×2의 계산

• 일의 자리, 십의 자리, 백의 자리 순으로 계산합니다.
① 214×2=214+214=428
② 214×2=200×2+10×2+4×2
　　　　=400+20+8
　　　　=428

```
  2 1 4
×     2
  4 2 8
```

🕐 □ 안에 알맞은 수를 써넣으시오. (1~6)

1
```
    3 1 2
  ×     3
        6  ← (2×3)
      3 0  ← (10×3)
    9 0 0  ← (300×3)
    9 3 6
```

2
```
    1 2 2
  ×     4
        8  ← (2×4)
      8 0  ← (20×4)
    4 0 0  ← (100×4)
    4 8 8
```

3
```
    2 1 3
  ×     3
        9  ← (3×3)
      3 0  ← (10×3)
    6 0 0  ← (200×3)
    6 3 9
```

4
```
    1 2 4
  ×     2
        8  ← (4×2)
      4 0  ← (20×2)
    2 0 0  ← (100×2)
    2 4 8
```

5
```
    2 4 3
  ×     2
        6  ← (3×2)
      8 0  ← (40×2)
    4 0 0  ← (200×2)
    4 8 6
```

6
```
    1 3 2
  ×     3
        6  ← (2×3)
      9 0  ← (30×3)
    3 0 0  ← (100×3)
    3 9 6
```

계산은 빠르고 정확하게!

걸린 시간	1~6분	6~9분	9~12분
맞은 개수	19~21개	15~18개	1~14개
평가	참 잘했어요.	잘했어요.	좀더 노력해요.

🕐 계산을 하시오. (7~21)

7
```
  2 1 3
×     2
  4 2 6
```

8
```
  1 2 3
×     3
  3 6 9
```

9
```
  2 3 4
×     2
  4 6 8
```

10
```
  4 1 2
×     2
  8 2 4
```

11
```
  3 0 2
×     3
  9 0 6
```

12
```
  2 2 3
×     3
  6 6 9
```

13
```
  4 4 0
×     2
  8 8 0
```

14
```
  4 3 2
×     2
  8 6 4
```

15
```
  3 2 2
×     3
  9 6 6
```

16 1 0 2 × 3 = 3 0 6
17 1 1 2 × 4 = 4 4 8

18 2 2 1 × 4 = 8 8 4
19 2 3 2 × 3 = 6 9 6

20 2 1 2 × 4 = 8 4 8
21 3 1 3 × 3 = 9 3 9

1 올림이 없는 (세 자리 수)×(한 자리 수)(2)

 월 일

🕐 계산을 하시오. (1~18)

1
```
  1 0 1
×     7
  7 0 7
```

2
```
  2 0 1
×     4
  8 0 4
```

3
```
  3 1 0
×     2
  6 2 0
```

4
```
  1 2 1
×     3
  3 6 3
```

5
```
  1 4 2
×     2
  2 8 4
```

6
```
  1 3 3
×     3
  3 9 9
```

7
```
  2 1 2
×     3
  6 3 6
```

8
```
  1 1 2
×     4
  4 4 8
```

9
```
  2 1 1
×     3
  6 3 3
```

10
```
  4 0 2
×     2
  8 0 4
```

11
```
  2 2 4
×     2
  4 4 8
```

12
```
  3 2 1
×     3
  9 6 3
```

13
```
  3 2 0
×     3
  9 6 0
```

14
```
  4 2 3
×     2
  8 4 6
```

15
```
  2 1 3
×     3
  6 3 9
```

16
```
  4 1 2
×     2
  8 2 4
```

17
```
  3 3 3
×     3
  9 9 9
```

18
```
  2 4 3
×     2
  4 8 6
```

계산은 빠르고 정확하게!

걸린 시간	1~8분	8~12분	12~16분
맞은 개수	31~34개	24~30개	1~23개
평가	참 잘했어요.	잘했어요.	좀더 노력해요.

🕐 계산을 하시오. (19~34)

19 101×6= 606
20 110×8= 880

21 121×4= 484
22 122×3= 366

23 211×3= 633
24 212×4= 848

25 113×3= 339
26 241×2= 482

27 321×2= 642
28 313×3= 939

29 331×3= 993
30 343×2= 686

31 411×2= 822
32 424×2= 848

33 102×4= 408
34 231×3= 693

1 올림이 없는 (세 자리 수)×(한 자리 수)(3)

공부한 날짜   월   일

걸린 시간	1~5분	5~7분	7~10분
맞은 개수	20~22개	16~19개	1~15개
평가	참 잘했어요	잘했어요	좀더 노력해요

P 12~15

🕐 □ 안에 알맞은 수를 써넣으시오. (1~10)

1 102 ×3 → 306

2 202 ×4 → 808

3 112 ×4 → 448

4 132 ×3 → 396

5 213 ×2 → 426

6 303 ×3 → 909

7 212 ×4 → 848

8 312 ×3 → 936

9 414 ×2 → 828

10 123 ×3 → 369

🕐 빈 곳에 알맞은 수를 써넣으시오. (11~22)

11  104 ×2 → 208

12  203 ×3 → 609

13 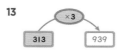 313 ×3 → 939

14  211 ×4 → 844

15  213 ×3 → 639

16  221 ×4 → 884

17  113 ×3 → 339

18  424 ×2 → 848

19  342 ×2 → 684

20  223 ×3 → 669

21  321 ×3 → 963

22  243 ×2 → 486

---

2 일의 자리에서 올림이 있는 (세 자리 수)×(한 자리 수)(1)

공부한 날짜   월   일

계산은 빠르고 정확하게!

걸린 시간	1~6분	6~9분	9~12분
맞은 개수	19~21개	15~18개	1~14개
평가	참 잘했어요	잘했어요	좀더 노력해요

327×2의 계산

・일의 자리를 계산한 값이 10이거나 10보다 크면 십의 자리로 올림하여 계산합니다.

① 327×2=327+327=654
② 327×2=300×2+20×2+7×2
　　　　＝600+40+14
　　　　＝654

```
    3 2 7
  ×     2    7×2=14
    6 5 4    2×2+1=5
             3×2=6
```

🕐 □ 안에 알맞은 수를 써넣으시오. (1~6)

1
```
    2 2 5
  ×     3
      1 5  ← (5× 3 )
      6 0  ← ( 20 ×3)
    6 0 0  ← (200× 3 )
    6 7 5
```

2
```
    1 1 4
  ×     5
      2 0  ← (4× 5 )
      5 0  ← ( 10 ×5)
    5 0 0  ← (100× 5 )
    5 7 0
```

3
```
    3 2 6
  ×     3
      1 8  ← (6× 3 )
      6 0  ← ( 20 ×3)
    9 0 0  ← (300× 3 )
    9 7 8
```

4
```
    2 1 6
  ×     4
      2 4  ← (6× 4 )
      4 0  ← ( 10 ×4)
    8 0 0  ← (200× 4 )
    8 6 4
```

5
```
    4 3 8
  ×     2
      1 6  ← (8× 2 )
      6 0  ← ( 30 ×2)
    8 0 0  ← (400× 2 )
    8 7 6
```

6
```
    2 2 9
  ×     3
      2 7  ← (9× 3 )
      6 0  ← ( 20 ×3)
    6 0 0  ← (200× 3 )
    6 8 7
```

🕐 계산을 하시오. (7~21)

7
```
      4
    1 1 8
  ×     5
    5 9 0
```

8
```
    1 0 4
  ×     6
    6 2 4
```

9
```
      2
    1 1 3
  ×     7
    7 9 1
```

10
```
      2
    2 1 5
  ×     4
    8 6 0
```

11
```
      3
    2 0 8
  ×     4
    8 3 2
```

12
```
      1
    2 2 6
  ×     3
    6 7 8
```

13
```
      1
    3 1 5
  ×     3
    9 4 5
```

14
```
      1
    3 2 9
  ×     2
    6 5 8
```

15
```
      2
    3 0 7
  ×     3
    9 2 1
```

16 439 × 2 = 878

17 127 × 3 = 381

18 428 × 2 = 856

19 228 × 3 = 684

20 219 × 4 = 876

21 317 × 3 = 951

정답

2 일의 자리에서 올림이 있는 (세 자리 수)×(한 자리 수)(2)

학습 날짜
월 일

계산은 빠르고 정확하게!

걸린 시간	1~8분	8~12분	12~16분
맞은 개수	31~34개	24~30개	1~23개
평가	참 잘했어요.	잘했어요.	좀더 노력해요.

계산을 하시오. (1~18)

1
```
  103
×   4
  412
```

2
```
  316
×   3
  948
```

3
```
  217
×   4
  868
```

4
```
  226
×   2
  452
```

5
```
  345
×   2
  690
```

6
```
  117
×   5
  585
```

7
```
  417
×   2
  834
```

8
```
  247
×   2
  494
```

9
```
  208
×   4
  832
```

10
```
  406
×   2
  812
```

11
```
  328
×   3
  984
```

12
```
  219
×   4
  876
```

13
```
  309
×   3
  927
```

14
```
  348
×   2
  696
```

15
```
  218
×   4
  872
```

16
```
  318
×   3
  954
```

17
```
  439
×   2
  878
```

18
```
  126
×   3
  378
```

계산을 하시오. (19~34)

19 $102 \times 5 = \boxed{510}$

20 $223 \times 4 = \boxed{892}$

21 $349 \times 2 = \boxed{698}$

22 $406 \times 2 = \boxed{812}$

23 $129 \times 3 = \boxed{387}$

24 $425 \times 2 = \boxed{850}$

25 $305 \times 3 = \boxed{915}$

26 $124 \times 3 = \boxed{372}$

27 $326 \times 3 = \boxed{978}$

28 $409 \times 2 = \boxed{818}$

29 $228 \times 3 = \boxed{684}$

30 $427 \times 2 = \boxed{854}$

31 $328 \times 2 = \boxed{656}$

32 $106 \times 7 = \boxed{742}$

33 $239 \times 2 = \boxed{478}$

34 $127 \times 3 = \boxed{381}$

2 일의 자리에서 올림이 있는 (세 자리 수)×(한 자리 수)(3)

학습 날짜
월 일

계산은 빠르고 정확하게!

걸린 시간	1~6분	6~8분	8~10분
맞은 개수	20~22개	16~19개	1~15개
평가	참 잘했어요.	잘했어요.	좀더 노력해요.

□ 안에 알맞은 수를 써넣으시오. (1~10)

1 119 ×5 → 595

2 104 ×8 → 832

3 126 ×3 → 378

4 139 ×2 → 278

5 215 ×4 → 860

6 326 ×3 → 978

7 428 ×2 → 856

8 106 ×9 → 954

9 328 ×3 → 984

10 219 ×4 → 876

빈 곳에 알맞은 수를 써넣으시오. (11~22)

11  114 ×6 684

12  216 ×3 648

13  107 ×7 749

14 223 ×4 892

15  116 ×4 464

16  225 ×3 675

17  118 ×5 590

18  229 ×3 687

19  247 ×2 494

20  328 ×2 656

21  117 ×5 585

22  218 ×4 872

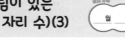

3 올림이 여러 번 있는
(세 자리 수)×(한 자리 수)(1)

학습날짜
월
일

762×2의 계산

- 각 자리를 계산한 값이 10이거나 10보다 크면 바로 윗자리로 올림하여 계산합니다.
  ① 762×2=762+762=1524
  ② 762×2=700×2+60×2+2×2
  =1400+120+4
  =1524

```
      ①
    7 6 2
  ×     2   6×2=12
  1 5 2 4
      ②
   7×2+1=15
```

⏰ □ 안에 알맞은 수를 써넣으시오. (1~6)

1
```
    4 7 3
  ×     3
        9   ← (3× 3 )
    2 1 0   ← ( 70 ×3 )
  1 2 0 0   ← (400× 3 )
  1 4 1 9
```

2
```
    2 6 1
  ×     5
        5   ← (1× 5 )
    3 0 0   ← ( 60 ×5 )
  1 0 0 0   ← (200× 5 )
  1 3 0 5
```

3
```
    3 7 2
  ×     4
        8   ← (2× 4 )
    2 8 0   ← ( 70 ×4 )
  1 2 0 0   ← (300× 4 )
  1 4 8 8
```

4
```
    3 6 1
  ×     6
        6   ← (1× 6 )
    3 6 0   ← ( 60 ×6 )
  1 8 0 0   ← (300× 6 )
  2 1 6 6
```

5
```
    4 8 2
  ×     4
        8   ← (2× 4 )
    3 2 0   ← ( 80 ×4 )
  1 6 0 0   ← (400× 4 )
  1 9 2 8
```

6
```
    3 8 4
  ×     5
       20   ← (4× 5 )
    4 0 0   ← ( 80 ×5 )
  1 5 0 0   ← (300× 5 )
  1 9 2 0
```

계산은 빠르고 정확하게!

걸린 시간	1~6분	6~9분	9~12분
맞은 개수	19~21개	15~18개	1~14개
평가	참 잘했어요	잘했어요	좀더 노력해요

⏰ 계산을 하시오. (7~21)

7
```
    3 8 2
  ×     2
    7 6 4
```

8
```
    2 9 3
  ×     3
    8 7 9
```

9
```
    1 7 2
  ×     4
    6 8 8
```

10
```
    4 5 1
  ×     6
  2 7 0 6
```

11
```
    5 6 2
  ×     4
  2 2 4 8
```

12
```
    6 7 3
  ×     3
  2 0 1 9
```

13
```
    2 7 4
  ×     4
  1 0 9 6
```

14
```
    3 5 7
  ×     5
  1 7 8 5
```

15
```
    4 7 6
  ×     3
  1 4 2 8
```

16 1 6 2 × 4 = 6 4 8

17 2 8 3 × 3 = 8 4 9

18 3 7 1 × 5 = 1 8 5 5

19 4 5 2 × 4 = 1 8 0 8

20 5 6 4 × 6 = 3 3 8 4

21 6 4 2 × 7 = 4 4 9 4

---

3 올림이 여러 번 있는
(세 자리 수)×(한 자리 수)(2)

학습날짜
월 일

⏰ 계산을 하시오. (1~18)

1
```
  2 6 3
×     3
  7 8 9
```

2
```
  1 9 2
×     4
  7 6 8
```

3
```
  2 8 1
×     3
  8 4 3
```

4
```
  3 5 2
×     4
1 4 0 8
```

5
```
  4 6 3
×     3
1 3 8 9
```

6
```
  5 9 3
×     2
1 1 8 6
```

7
```
  4 7 0
×     5
2 3 5 0
```

8
```
  5 3 2
×     4
2 1 2 8
```

9
```
  6 4 1
×     6
3 8 4 6
```

10
```
  5 4 2
×     6
3 2 5 2
```

11
```
  6 5 4
×     5
3 2 7 0
```

12
```
  7 6 3
×     4
3 0 5 2
```

13
```
  2 9 6
×     4
1 1 8 4
```

14
```
  3 7 4
×     5
1 8 7 0
```

15
```
  4 8 3
×     3
1 4 4 9
```

16
```
  6 4 5
×     7
4 5 1 5
```

17
```
  7 2 6
×     8
5 8 0 8
```

18
```
  8 4 6
×     9
7 6 1 4
```

계산은 빠르고 정확하게!

걸린 시간	1~8분	8~12분	12~16분
맞은 개수	31~34개	24~30개	1~23개
평가	참 잘했어요	잘했어요	좀더 노력해요

⏰ 계산을 하시오. (19~34)

19 342×3= 1026

20 474×2= 948

21 463×4= 1852

22 553×5= 2765

23 521×7= 3647

24 632×6= 3792

25 645×5= 3225

26 746×7= 5222

27 286×7= 2002

28 327×6= 1962

29 493×4= 1972

30 545×8= 4360

31 629×7= 4403

32 724×5= 3620

33 716×7= 5012

34 499×9= 4491

3 올림이 여러 번 있는 (세 자리 수)×(한 자리 수)(3)

학습 날짜 월 일

□ 안에 알맞은 수를 써넣으시오. (1~10)

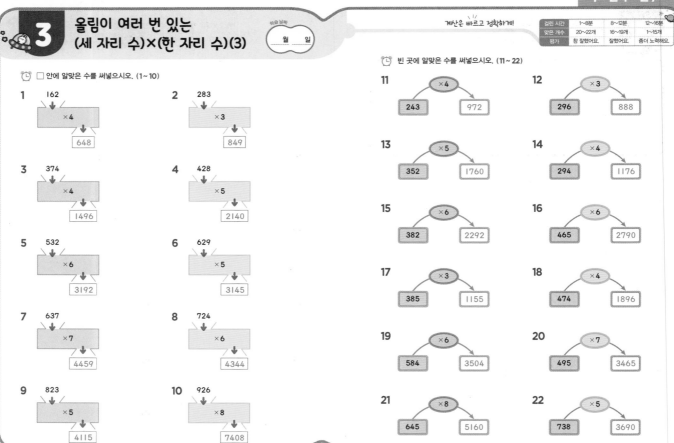

계산은 빠르고 정확하게!

걸린 시간	1~8분	8~12분	12~16분
맞은 개수	20~22개	16~19개	1~15개
평가	참 잘했어요	잘했어요	좀더 노력해요

빈 곳에 알맞은 수를 써넣으시오. (11~22)

1. 162 ×4 → 648
2. 283 ×3 → 849
3. 374 ×4 → 1496
4. 428 ×5 → 2140
5. 532 ×6 → 3192
6. 629 ×5 → 3145
7. 637 ×7 → 4459
8. 724 ×6 → 4344
9. 823 ×5 → 4115
10. 926 ×8 → 7408

11. 243 ×4 → 972
12. 296 ×3 → 888
13. 352 ×5 → 1760
14. 294 ×4 → 1176
15. 382 ×6 → 2292
16. 465 ×6 → 2790
17. 385 ×3 → 1155
18. 474 ×4 → 1896
19. 584 ×6 → 3504
20. 495 ×7 → 3465
21. 645 ×8 → 5160
22. 738 ×5 → 3690

4 (세 자리 수)×(한 자리 수)의 가장 큰 곱과 가장 작은 곱

학습 날짜 월 일

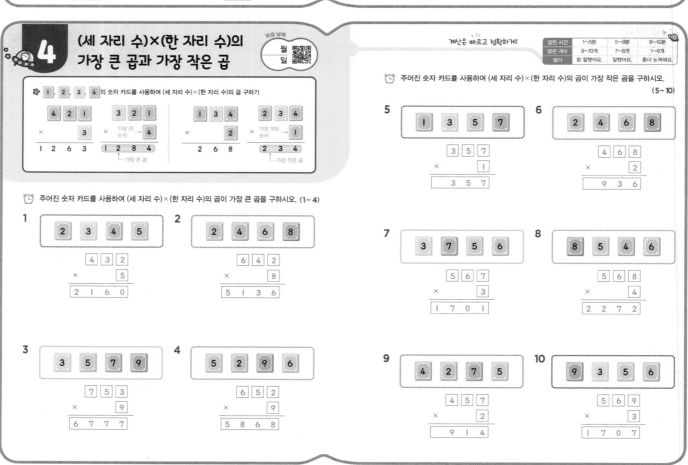

계산은 빠르고 정확하게!

걸린 시간	1~5분	5~8분	8~10분
맞은 개수	9~10개	7~8개	1~6개
평가	참 잘했어요	잘했어요	좀더 노력해요

주어진 숫자 카드를 사용하여 (세 자리 수)×(한 자리 수)의 곱이 가장 큰 곱을 구하시오. (1~4)

주어진 숫자 카드를 사용하여 (세 자리 수)×(한 자리 수)의 곱이 가장 작은 곱을 구하시오. (5~10)

1. 2 3 4 5 : 432 × 5 = 2160
2. 2 4 6 8 : 642 × 8 = 5136
3. 3 5 7 9 : 753 × 9 = 6777
4. 5 2 9 6 : 652 × 9 = 5868
5. 1 3 5 7 : 357 × 1 = 357
6. 2 4 6 8 : 468 × 2 = 936
7. 3 7 5 6 : 567 × 3 = 1701
8. 8 5 4 6 : 568 × 4 = 2272
9. 4 2 7 5 : 457 × 2 = 914
10. 9 3 5 6 : 569 × 3 = 1707

5 (몇십)×(몇십), (몇십몇)×(몇십)(1)

학습 날짜 월 일

➡ 20×30의 계산
・2×3의 곱에 0을 2개 붙여줍니다.

$20×30=600$ ➡
		2	0
	×	3	0
	6	0	0

$2×3=6$

➡ 23×30의 계산
・23×3의 곱에 0을 1개 붙여줍니다.

$23×30=690$ ➡
		2	3
	×	3	0
	6	9	0

$23×3=69$

🕐 계산을 하시오. (1~12)

1. $20×10=200$
2. $10×30=300$
3. $20×20=400$
4. $30×20=600$
5. $40×10=400$
6. $20×40=800$
7. $30×50=1500$
8. $40×60=2400$
9. $60×30=1800$
10. $50×40=2000$
11. $70×40=2800$
12. $80×70=5600$

계산은 빠르고 정확하게!

걸린 시간	1~6분	6~8분	8~10분
맞은 개수	27~30개	21~26개	1~20개
평가	참 잘했어요.	잘했어요.	좀더 노력해요.

🕐 계산을 하시오. (13~30)

13.
		2	0
	×	3	0
	6	0	0

14.
		3	0
	×	3	0
	9	0	0

15.
		4	0
	×	2	0
	8	0	0

16.
		2	0
	×	5	0
1	0	0	0

17.
		3	0
	×	9	0
2	7	0	0

18.
		4	0
	×	4	0
1	6	0	0

19.
		5	0
	×	6	0
3	0	0	0

20.
		6	0
	×	7	0
4	2	0	0

21.
		7	0
	×	3	0
2	1	0	0

22.
		4	0
	×	3	0
1	2	0	0

23.
		5	0
	×	8	0
4	0	0	0

24.
		6	0
	×	6	0
3	6	0	0

25.
		7	0
	×	5	0
3	5	0	0

26.
		8	0
	×	6	0
4	8	0	0

27.
		9	0
	×	7	0
6	3	0	0

28.
		4	0
	×	8	0
3	2	0	0

29.
		5	0
	×	9	0
4	5	0	0

30.
		8	0
	×	9	0
7	2	0	0

5 (몇십)×(몇십), (몇십몇)×(몇십)(2)

학습 날짜 월 일

🕐 계산을 하시오. (1~16)

1. $13×20=260$
2. $21×30=630$
3. $33×20=660$
4. $42×20=840$
5. $24×30=720$
6. $16×40=640$
7. $51×40=2040$
8. $62×30=1860$
9. $42×30=1260$
10. $72×40=2880$
11. $64×50=3200$
12. $57×60=3420$
13. $39×40=1560$
14. $46×70=3220$
15. $66×80=5280$
16. $76×90=6840$

계산은 빠르고 정확하게!

걸린 시간	1~8분	8~12분	12~16분
맞은 개수	31~34개	24~30개	1~23개
평가	참 잘했어요.	잘했어요.	좀더 노력해요.

🕐 계산을 하시오. (17~34)

17.
		2	3
	×	2	0
	4	6	0

18.
		3	2
	×	3	0
	9	6	0

19.
		4	3
	×	2	0
	8	6	0

20.
		2	5
	×	3	0
	7	5	0

21.
		1	7
	×	4	0
	6	8	0

22.
		3	8
	×	2	0
	7	6	0

23.
		4	3
	×	3	0
1	2	9	0

24.
		5	2
	×	4	0
2	0	8	0

25.
		6	1
	×	5	0
3	0	5	0

26.
		3	4
	×	6	0
2	0	4	0

27.
		4	5
	×	6	0
2	7	0	0

28.
		5	6
	×	7	0
3	9	2	0

29.
		6	4
	×	7	0
4	4	8	0

30.
		7	5
	×	6	0
4	5	0	0

31.
		8	7
	×	4	0
3	4	8	0

32.
		9	3
	×	5	0
4	6	5	0

33.
		8	3
	×	4	0
3	3	2	0

34.
		7	9
	×	6	0
4	7	4	0

5 (몇십)×(몇십), (몇십몇)×(몇십)(3)

월 일

계산은 빠르고 정확하게!

걸린 시간	1~6분	6~9분	9~12분
맞은 개수	27~30개	21~26개	1~20개
평가	참 잘했어요.	잘했어요.	좀더 노력해요.

계산을 하시오. (1~15)

1
```
    30
×   30
   900
```

2
```
    20
×   50
  1000
```

3
```
    20
×   70
  1400
```

4
```
    40
×   30
  1200
```

5
```
    40
×   60
  2400
```

6
```
    70
×   30
  2100
```

7
```
    90
×   80
  7200
```

8
```
    60
×   80
  4800
```

9
```
    80
×   50
  4000
```

10 30×80 = 2400

11 70×40 = 2800

12 80×80 = 6400

13 90×70 = 6300

14 60×70 = 4200

15 70×80 = 5600

계산을 하시오. (16~30)

16
```
    27
×   30
   810
```

17
```
    14
×   40
   560
```

18
```
    47
×   20
   940
```

19
```
    64
×   60
  3840
```

20
```
    28
×   90
  2520
```

21
```
    34
×   50
  1700
```

22
```
    17
×   80
  1360
```

23
```
    74
×   30
  2220
```

24
```
    92
×   20
  1840
```

25 58×40 = 2320

26 62×30 = 1860

27 84×30 = 2520

28 78×40 = 3120

29 85×60 = 5100

30 97×50 = 4850

5 (몇십)×(몇십), (몇십몇)×(몇십)(4)

월 일

계산은 빠르고 정확하게!

걸린 시간	1~5분	5~8분	8~10분
맞은 개수	20~22개	16~19개	1~15개
평가	참 잘했어요.	잘했어요.	좀더 노력해요.

□ 안에 알맞은 수를 써넣으시오. (1~10)

1 20 → ×60 → 1200

2 40 → ×50 → 2000

3 50 → ×70 → 3500

4 60 → ×80 → 4800

5 36 → ×40 → 1440

6 43 → ×60 → 2580

7 54 → ×70 → 3780

8 63 → ×80 → 5040

9 72 → ×60 → 4320

10 84 → ×90 → 7560

빈 곳에 알맞은 수를 써넣으시오. (11~22)

11 20 → ×40 → 800

12 50 → ×30 → 1500

13 40 → ×60 → 2400

14 60 → ×70 → 4200

15 46 → ×60 → 2760

16 74 → ×20 → 1480

17 85 → ×30 → 2550

18 76 → ×60 → 4560

19 67 → ×40 → 2680

20 83 → ×70 → 5810

21 93 → ×30 → 2790

22 59 → ×80 → 4720

6 (몇십몇)×(몇십몇)(1)

학습 날짜
월
일

➡ 23×34의 계산

· 23×4와 23×30을 계산한 후 두 곱을 더합니다.

$$23×34 \begin{cases} 23×4=92 \\ 23×30=690 \end{cases} 782$$

```
      2 3
  ×   3 4
      9 2  ← 23×4=92
  6 9 0    ← 23×30=690
  7 8 2    ← 92+690=782
```

계산은 빠르고 정확하게!

걸린 시간	1~7분	7~11분	11~14분
맞은 개수	13~14개	10~12개	1~9개
평가	참 잘했어요.	잘했어요.	좀더 노력해요.

⏰ 계산을 하시오. (1~6)

1
```
      2 3
  ×   1 2
      4 6  ← 23× 2 = 46
  2 3 0    ← 23× 10 = 230
  2 7 6
```

2
```
      2 4
  ×   3 2
      4 8  ← 24× 2 = 48
  7 2 0    ← 24× 30 = 720
  7 6 8
```

3
```
      3 2
  ×   2 3
      9 6  ← 32× 3 = 96
  6 4 0    ← 32× 20 = 640
  7 3 6
```

4
```
      4 3
  ×   1 4
  1 7 2    ← 43× 4 = 172
  4 3 0    ← 43× 10 = 430
  6 0 2
```

5
```
      2 1
  ×   3 4
      8 4  ← 21× 4 = 84
  6 3 0    ← 21× 30 = 630
  7 1 4
```

6
```
      3 4
  ×   2 6
  2 0 4    ← 34× 6 = 204
  6 8 0    ← 34× 20 = 680
  8 8 4
```

⏰ 계산을 하시오. (7~14)

7
```
      7 3
  ×   5 3
      2 1 9  ← 73× 3 = 219
  3 6 5 0    ← 73× 50 = 3650
  3 8 6 9
```

8
```
      8 2
  ×   6 8
      6 5 6  ← 82× 8 = 656
  4 9 2 0    ← 82× 60 = 4920
  5 5 7 6
```

9
```
      3 4
  ×   4 8
      2 7 2  ← 34× 8 = 272
  1 3 6 0    ← 34× 40 = 1360
  1 6 3 2
```

10
```
      9 4
  ×   3 7
      6 5 8  ← 94× 7 = 658
  2 8 2 0    ← 94× 30 = 2820
  3 4 7 8
```

11
```
      6 2
  ×   5 4
      2 4 8  ← 62× 4 = 248
  3 1 0 0    ← 62× 50 = 3100
  3 3 4 8
```

12
```
      8 6
  ×   5 9
      7 7 4  ← 86× 9 = 774
  4 3 0 0    ← 86× 50 = 4300
  5 0 7 4
```

13
```
      4 8
  ×   5 6
      2 8 8  ← 48× 6 = 288
  2 4 0 0    ← 48× 50 = 2400
  2 6 8 8
```

14
```
      7 4
  ×   6 3
      2 2 2  ← 74× 3 = 222
  4 4 4 0    ← 74× 60 = 4440
  4 6 6 2
```

6 (몇십몇)×(몇십몇)(2)

학습 날짜
월   일

계산은 빠르고 정확하게!

걸린 시간	1~6분	6~9분	9~12분
맞은 개수	22~24개	17~21개	1~16개
평가	참 잘했어요.	잘했어요.	좀더 노력해요.

⏰ 계산을 하시오. (1~12)

1
```
      2 1
  ×   2 4
      8 4
  4 2 0
  5 0 4
```

2
```
      2 2
  ×   3 3
      6 6
  6 6 0
  7 2 6
```

3
```
      2 3
  ×   3 1
      2 3
  6 9 0
  7 1 3
```

4
```
      3 1
  ×   2 4
  1 2 4
  6 2 0
  7 4 4
```

5
```
      3 2
  ×   1 3
      9 6
  3 2 0
  4 1 6
```

6
```
      3 4
  ×   2 2
      6 8
  6 8 0
  7 4 8
```

7
```
      2 4
  ×   1 6
  1 4 4
  2 4 0
  3 8 4
```

8
```
      2 5
  ×   2 7
  1 7 5
  5 0 0
  6 7 5
```

9
```
      2 6
  ×   3 2
      5 2
  7 8 0
  8 3 2
```

10
```
      2 7
  ×   3 3
      8 1
  8 1 0
  8 9 1
```

11
```
      3 2
  ×   2 6
  1 9 2
  6 4 0
  8 3 2
```

12
```
      3 4
  ×   2 5
  1 7 0
  6 8 0
  8 5 0
```

⏰ 계산을 하시오. (13~24)

13
```
      2 4
  ×   6 5
  1 2 0
  1 4 4 0
  1 5 6 0
```

14
```
      3 6
  ×   4 7
  2 5 2
  1 4 4 0
  1 6 9 2
```

15
```
      4 2
  ×   7 4
  1 6 8
  2 9 4 0
  3 1 0 8
```

16
```
      3 7
  ×   4 9
  3 3 3
  1 4 8 0
  1 8 1 3
```

17
```
      4 6
  ×   5 4
  1 8 4
  2 3 0 0
  2 4 8 4
```

18
```
      5 3
  ×   6 7
  3 7 1
  3 1 8 0
  3 5 5 1
```

19
```
      4 8
  ×   6 4
  1 9 2
  2 8 8 0
  3 0 7 2
```

20
```
      5 7
  ×   7 5
  2 8 5
  3 9 9 0
  4 2 7 5
```

21
```
      6 2
  ×   3 9
  5 5 8
  1 8 6 0
  2 4 1 8
```

22
```
      6 5
  ×   7 3
  1 9 5
  4 5 5 0
  4 7 4 5
```

23
```
      7 6
  ×   8 5
  3 8 0
  6 0 8 0
  6 4 6 0
```

24
```
      8 4
  ×   5 6
  5 0 4
  4 2 0 0
  4 7 0 4
```

정답

6 (몇십몇)×(몇십몇)(3)

월   일

계산을 하시오. (1~15)

1
```
   34
×  23
─────
  782
```

2
```
   62
×  15
─────
  930
```

3
```
   54
×  16
─────
  864
```

4
```
   29
×  12
─────
  348
```

5
```
   12
×  74
─────
  888
```

6
```
   21
×  43
─────
  903
```

7
```
   23
×  42
─────
  966
```

8
```
   18
×  51
─────
  918
```

9
```
   14
×  29
─────
  406
```

10 $16 \times 13 = 208$

11 $74 \times 13 = 962$

12 $24 \times 25 = 600$

13 $15 \times 31 = 465$

14 $22 \times 41 = 902$

15 $43 \times 13 = 559$

계산은 빠르고 정확하게!

걸린 시간	1~10분	10~15분	15~20분
맞은 개수	27~30개	21~26개	1~20개
평가	참 잘했어요.	잘했어요.	좀더 노력해요.

계산을 하시오. (16~30)

16
```
   29
×  83
─────
 2407
```

17
```
   48
×  35
─────
 1680
```

18
```
   49
×  52
─────
 2548
```

19
```
   64
×  38
─────
 2432
```

20
```
   72
×  86
─────
 6192
```

21
```
   74
×  48
─────
 3552
```

22
```
   53
×  27
─────
 1431
```

23
```
   38
×  42
─────
 1596
```

24
```
   83
×  39
─────
 3237
```

25 $34 \times 56 = 1904$

26 $73 \times 26 = 1898$

27 $43 \times 37 = 1591$

28 $82 \times 28 = 2296$

29 $42 \times 74 = 3108$

30 $58 \times 25 = 1450$

6 (몇십몇)×(몇십몇)(4)

월   일

□ 안에 알맞은 수를 써넣으시오. (1~10)

1 25 ×15 375

2 26 ×25 650

3 32 ×16 512

4 34 ×24 816

5 43 ×36 1548

6 48 ×45 2160

7 54 ×52 2808

8 57 ×63 3591

9 65 ×74 4810

10 76 ×84 6384

계산은 빠르고 정확하게!

걸린 시간	1~7분	7~11분	11~14분
맞은 개수	20~22개	16~19개	1~15개
평가	참 잘했어요.	잘했어요.	좀더 노력해요.

빈 곳에 알맞은 수를 써넣으시오. (11~22)

11  26 ×14 364

12  32 ×34 1088

13  18 ×52 936

14  19 ×45 855

15  16 ×62 992

16  23 ×35 805

17  45 ×38 1710

18  57 ×29 1653

19  64 ×45 2880

20  72 ×63 4536

21  82 ×39 3198

22  97 ×56 5432

7 십의 자리 숫자가 같고 일의 자리 숫자의 합이 10인 (몇십몇)×(몇십몇) (1)

월 일

➡ 24×26의 계산

(1) $24×26=(24×6)+(24×20)$
　　$=144+480=6\,24$
(3) (백의 자리의 숫자)$=2×(2+1)=6$
　　(십의 자리와 일의 자리의 숫자)$=4×6=24$

(2)
```
    2 4
  × 2 6
  1 4 4
  4 8 0
  6 2 4
```

⏰ 계산을 하시오. (1~4)

1
```
      2 7
    × 2 3
      8 1
    5 4 0
    6 2 1
```
➡ $27×23=621$
$2×(2+1)=6$
$7×3=21$

2
```
      2 2
    × 2 8
    1 7 6
    4 4 0
    6 1 6
```
➡ $22×28=616$
$2×(2+1)=6$
$2×8=16$

3
```
      3 4
    × 3 6
    2 0 4
  1 0 2 0
  1 2 2 4
```
➡ $34×36=1224$
$3×(3+1)=12$
$4×6=24$

4
```
      4 3
    × 4 7
    3 0 1
  1 7 2 0
  2 0 2 1
```
➡ $43×47=2021$
$4×(4+1)=20$
$3×7=21$

계산은 빠르고 정확하게!

걸린 시간	1~6분	6~9분	9~12분
맞은 개수	18~19개	14~17개	1~13개
평가	참 잘했어요.	잘했어요.	좀더 노력해요

⏰ 계산을 하시오. (5~19)

5
```
      3 2
    × 3 8
  1 2 1 6
```

6
```
      4 4
    × 4 6
  2 0 2 4
```

7
```
      5 3
    × 5 7
  3 0 2 1
```

8
```
      4 1
    × 4 9
  2 0 0 9
```

9
```
      5 2
    × 5 8
  3 0 1 6
```

10
```
      6 4
    × 6 6
  4 2 2 4
```

11
```
      3 5
    × 3 5
  1 2 2 5
```

12
```
      7 2
    × 7 8
  5 6 1 6
```

13
```
      8 6
    × 8 4
  7 2 2 4
```

14
```
      8 5
    × 8 5
  7 2 2 5
```

15
```
      6 8
    × 6 2
  4 2 1 6
```

16
```
      7 1
    × 7 9
  5 6 0 9
```

17
```
      5 6
    × 5 4
  3 0 2 4
```

18
```
      7 5
    × 7 5
  5 6 2 5
```

19
```
      8 7
    × 8 3
  7 2 2 1
```

7 십의 자리 숫자가 같고 일의 자리 숫자의 합이 10인 (몇십몇)×(몇십몇) (2)

월 일

계산은 빠르고 정확하게!

걸린 시간	1~6분	6~9분	9~12분
맞은 개수	33~36개	26~32개	1~25개
평가	참 잘했어요.	잘했어요.	좀더 노력해요

⏰ 계산을 하시오. (1~18)

1
```
    1 7
  × 1 3
    2 2 1
```

2
```
    2 5
  × 2 5
    6 2 5
```

3
```
    3 4
  × 3 6
  1 2 2 4
```

4
```
    4 1
  × 4 9
  2 0 0 9
```

5
```
    5 5
  × 5 5
  3 0 2 5
```

6
```
    6 3
  × 6 7
  4 2 2 1
```

7
```
    7 8
  × 7 2
  5 6 1 6
```

8
```
    8 6
  × 8 4
  7 2 2 4
```

9
```
    9 1
  × 9 9
  9 0 0 9
```

10
```
    1 5
  × 1 5
    2 2 5
```

11
```
    2 7
  × 2 3
    6 2 1
```

12
```
    3 8
  × 3 2
  1 2 1 6
```

13
```
    4 6
  × 4 4
  2 0 2 4
```

14
```
    5 9
  × 5 1
  3 0 0 9
```

15
```
    6 4
  × 6 6
  4 2 2 4
```

16
```
    7 7
  × 7 3
  5 6 2 1
```

17
```
    8 2
  × 8 8
  7 2 1 6
```

18
```
    9 8
  × 9 2
  9 0 1 6
```

⏰ 계산을 하시오. (19~36)

19 $16×14=224$

20 $24×26=624$

21 $37×33=1221$

22 $45×45=2025$

23 $54×56=3024$

24 $68×62=4216$

25 $76×74=5624$

26 $83×87=7221$

27 $95×95=9025$

28 $19×11=209$

29 $26×24=624$

30 $31×39=1209$

31 $42×48=2016$

32 $53×57=3021$

33 $65×65=4225$

34 $71×79=5609$

35 $81×89=7209$

36 $97×93=9021$

8 (몇십몇)×(몇십몇)의 가장 큰 곱과 가장 작은 곱

🔸 숫자 카드 1, 2, 3, 4 를 사용하여 (몇십몇)×(몇십몇)의 가장 큰 곱과 가장 작은 곱 알아보기

• 가장 큰 곱 알아보기

		4	2				4	1
×		3	1	×			3	2
	1	3	0	2		1	3	1	2

└ 가장 큰 곱

• 가장 작은 곱 알아보기

		1	4				1	3
×		2	3	×			2	4
	3	2	2			3	1	2

└ 가장 작은 곱

⏰ 주어진 4장의 숫자 카드를 사용하여 (몇십몇)×(몇십몇)의 곱이 가장 큰 곱과 가장 작은 곱을 구하시오. (1~8)

1

| 2 | 3 | 4 | 5 |

➡

〈가장 큰 곱〉

		5	2
×		4	3
	1	5	6
2	0	8	0
2	2	3	6

〈가장 작은 곱〉

		2	4
×		3	5
	1	2	0
	7	2	0
	8	4	0

2

| 2 | 4 | 6 | 8 |

➡

〈가장 큰 곱〉

		8	2
×		6	4
	3	2	8
4	9	2	0
5	2	4	8

〈가장 작은 곱〉

		2	6
×		4	8
	2	0	8
1	0	4	0
1	2	4	8

3

| 1 | 3 | 5 | 7 |

➡

〈가장 큰 곱〉

		7	1
×		5	3
	2	1	3
3	5	5	0
3	7	6	3

〈가장 작은 곱〉

		1	5
×		3	7
	1	0	5
	4	5	0
	5	5	5

4

| 2 | 8 | 4 | 5 |

➡

〈가장 큰 곱〉

		8	2
×		5	4
	3	2	8
4	1	0	0
4	4	2	8

〈가장 작은 곱〉

		2	5
×		4	8
	2	0	0
1	0	0	0
1	2	0	0

5

| 3 | 9 | 7 | 4 |

➡

〈가장 큰 곱〉

		9	3
×		7	4
	3	7	2
6	5	1	0
6	8	8	2

〈가장 작은 곱〉

		3	7
×		4	9
	3	3	3
1	4	8	0
1	8	1	3

6

| 7 | 2 | 3 | 5 |

〈가장 큰 곱〉 7 2 × 5 3 = 3816
〈가장 작은 곱〉 2 5 × 3 7 = 925

7

| 8 | 2 | 9 | 6 |

〈가장 큰 곱〉 9 2 × 8 6 = 7912
〈가장 작은 곱〉 2 8 × 6 9 = 1932

8

| 3 | 7 | 4 | 8 |

〈가장 큰 곱〉 8 3 × 7 4 = 6142
〈가장 작은 곱〉 3 7 × 4 8 = 1776

---

9 (몇십)÷(몇)(1)

🔸 내림이 없는 (몇십)÷(몇)

• 40÷2의 계산

• 십 모형 4개를 똑같이 두 묶음으로 나누면 2개씩 나누어집니다.

$4÷2=2$ ➡ $40÷2=20$

• 나누는 수가 같을 때 나누어지는 수가 10배가 되면 몫도 10배가 됩니다.

🔸 내림이 있는 (몇십)÷(몇)

• 30÷2의 계산

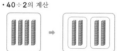

• 십 모형 3개를 똑같이 두 묶음으로 나누면 한 묶음에는 십 모형이 1개, 일 모형이 5개입니다.

십 모형이 1개
일 모형이 5개

$30÷2=15$

```
    1 5
2)3 0
  2 0  ← 2×10=20
    1 0
    1 0  ← 2×5=10
      0
```

⏰ 수 모형을 보고 □ 안에 알맞은 수를 써넣으시오. (1~4)

1

$30÷3=10$

2

$40÷4=10$

3

$60÷3=20$

4

$80÷4=20$

⏰ □ 안에 알맞은 수를 써넣으시오. (5~16)

5 $5÷5=1$ ➡ $50÷5=10$

6 $2÷2=1$ ➡ $20÷2=10$

7 $6÷6=1$ ➡ $60÷6=10$

8 $8÷2=4$ ➡ $80÷2=40$

9 $9÷3=3$ ➡ $90÷3=30$

10 $7÷7=1$ ➡ $70÷7=10$

11
```
   1          10
3)3    ➡   3)30
```

12
```
   1          10
8)8    ➡   8)80
```

13
```
   3          30
2)6    ➡   2)60
```

14
```
   2          20
4)8    ➡   4)80
```

15
```
   1          10
9)9    ➡   9)90
```

16
```
   4          40
2)8    ➡   2)80
```

9 (몇십)÷(몇)(2)

계산은 빠르고 정확하게!

걸린 시간	1~5분	5~8분	8~10분
맞은 개수	12~13개	9~11개	1~8개
평가	참 잘했어요.	잘했어요.	좀더 노력해요.

□ 안에 알맞은 수를 써넣으시오. (1~5)

1

60÷5= 12

2

50÷2= 25

3

70÷2= 35

4

60÷4= 15

5

70÷5= 14

□ 안에 알맞은 수를 써넣으시오. (6~13)

6
```
    1 5
2) 3 0
   2 0  ← 2× 10
   1 0
   1 0  ← 2× 5
     0
```

7
```
    2 5
2) 5 0
   4 0  ← 2× 20
   1 0
   1 0  ← 2× 5
     0
```

8
```
    1 4
5) 7 0
   5 0  ← 5× 10
   2 0
   2 0  ← 5× 4
     0
```

9
```
    1 5
4) 6 0
   4 0  ← 4× 10
   2 0
   2 0  ← 4× 5
     0
```

10
```
    3 5
2) 7 0
   6 0  ← 2× 30
   1 0
   1 0  ← 2× 5
     0
```

11
```
    1 6
5) 8 0
   5 0  ← 5× 10
   3 0
   3 0  ← 5× 6
     0
```

12
```
    1 8
5) 9 0
   5 0  ← 5× 10
   4 0
   4 0  ← 5× 8
     0
```

13
```
    4 5
2) 9 0
   8 0  ← 2× 40
   1 0
   1 0  ← 2× 5
     0
```

9 (몇십)÷(몇)(3)

계산은 빠르고 정확하게!

걸린 시간	1~8분	8~12분	12~16분
맞은 개수	27~30개	21~26개	1~20개
평가	참 잘했어요.	잘했어요.	좀더 노력해요.

□ 안에 알맞은 수를 써넣으시오. (1~18)

1 20÷2= 10

2 30÷2= 15

3 30÷3= 10

4 40÷4= 10

5 40÷2= 20

6 50÷2= 25

7 50÷5= 10

8 60÷4= 15

9 60÷2= 30

10 60÷3= 20

11 60÷5= 12

12 70÷7= 10

13 70÷2= 35

14 70÷5= 14

15 80÷4= 20

16 80÷5= 16

17 90÷3= 30

18 90÷5= 18

계산을 하시오. (19~30)

19
```
    1 5
2) 3 0
   2
   1 0
   1 0
     0
```

20
```
    2 0
2) 4 0
   4
   0
```

21
```
    2 5
2) 5 0
   4
   1 0
   1 0
     0
```

22
```
    2 0
3) 6 0
   6
   0
```

23
```
    4 5
2) 9 0
   8
   1 0
   1 0
     0
```

24
```
    3 0
3) 9 0
   9 0
     0
```

25
```
    1 5
4) 6 0
   4
   2 0
   2 0
     0
```

26
```
    2 0
4) 8 0
   8
   0
```

27
```
    1 2
5) 6 0
   5
   1 0
   1 0
     0
```

28
```
    1 4
5) 7 0
   5
   2 0
   2 0
     0
```

29
```
    1 8
5) 9 0
   5
   4 0
   4 0
     0
```

30
```
    1 5
6) 9 0
   6
   3 0
   3 0
     0
```

10 내림이 없는 (몇십몇)÷(몇)(1)

 월 일

내림이 없는 (몇십)÷(몇)

- 십 모형 **3**개, 일 모형 **6**개를 똑같이 세 묶음으로 나누면 한 묶음에 십 모형 **1**개, 일 모형 **2**개이므로 36÷3=12 입니다.

$$36 \div 3 = 12$$
$$6 \div 3 = 2$$
$$3 \div 3 = 1$$

□ 안에 알맞은 수를 써넣으시오. (1~4)

1  33÷3= 11

2 46÷2= 23

3 39÷3= 13

4 66÷3= 22

계산은 빠르고 정확하게!

걸린 시간	1~5분	5~8분	8~10분
맞은 개수	11~12개	9~10개	1~8개
평가	참 잘했어요.	잘했어요.	좀더 노력해요.

□ 안에 알맞은 수를 써넣으시오. (5~12)

5
```
    2 4
2 ) 4 8
    4 0  ← 2×20
      8
      8  ← 2×4
      0
```

6
```
    3 1
3 ) 9 3
    9 0  ← 3×30
      3
      3  ← 3×1
      0
```

7
```
    2 1
2 ) 4 2
    4 0  ← 2× 20
      2
      2  ← 2× 1
      0
```

8
```
    4 2
2 ) 8 4
    8 0  ← 2× 40
      4
      4  ← 2× 2
      0
```

9
```
    2 3
3 ) 6 9
    6 0  ← 3× 20
      9
      9  ← 3× 3
      0
```

10
```
    2 2
4 ) 8 8
    8 0  ← 4× 20
      8
      8  ← 4× 2
      0
```

11
```
    1 1
6 ) 6 6
    6 0  ← 6× 10
      6
      6  ← 6× 1
      0
```

12
```
    3 2
3 ) 9 6
    9 0  ← 3× 30
      6
      6  ← 3× 2
      0
```

 10 내림이 없는 (몇십몇)÷(몇)(2)

월 일

□ 안에 알맞은 수를 써넣으시오. (1~18)

1 24÷2= 12
2 39÷3= 13
3 46÷2= 23
4 48÷2= 24
5 55÷5= 11
6 63÷3= 21
7 64÷2= 32
8 33÷3= 11
9 84÷4= 21
10 88÷2= 44
11 69÷3= 23
12 93÷3= 31
13 82÷2= 41
14 36÷3= 12
15 86÷2= 43
16 96÷3= 32
17 44÷2= 22
18 99÷9= 11

계산은 빠르고 정확하게!

걸린 시간	1~8분	8~12분	12~16분
맞은 개수	27~30개	21~26개	1~20개
평가	참 잘했어요.	잘했어요.	좀더 노력해요.

계산을 하시오. (19~30)

19
```
    3 4
2 ) 6 8
    6
    8
    8
    0
```

20
```
    2 2
4 ) 8 8
    8
    8
    8
    0
```

21
```
    3 1
2 ) 6 2
    6
    2
    2
    0
```

22
```
    2 2
3 ) 6 6
    6
    6
    6
    0
```

23
```
    3 3
3 ) 9 9
    9
    9
    9
    0
```

24
```
    1 2
4 ) 4 8
    4
    8
    8
    0
```

25
```
    1 2
3 ) 3 6
    3
    6
    6
    0
```

26
```
    1 4
2 ) 2 8
    2
    8
    8
    0
```

27
```
    3 3
2 ) 6 6
    6
    6
    6
    0
```

28
```
    4 2
2 ) 8 4
    8
    4
    4
    0
```

29
```
    2 1
2 ) 4 2
    4
    2
    2
    0
```

30
```
    1 1
7 ) 7 7
    7
    7
    7
    0
```

10 내림이 없는 (몇십몇)÷(몇)(3)

배운 날짜 월 일

계산은 빠르고 정확하게!

걸린 시간	1~6분	6~9분	9~12분
맞은 개수	20~22개	16~19개	1~15개
평가	참 잘했어요.	잘했어요.	좀더 노력해요.

□ 안에 알맞은 수를 써넣으시오. (1~10)

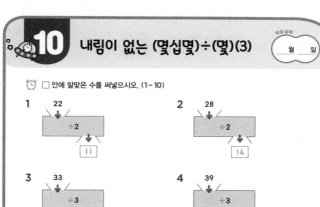

1   22   ÷2   11

2   28   ÷2   14

3   33   ÷3   11

4   39   ÷3   13

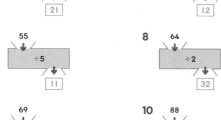

5   42   ÷2   21

6   48   ÷4   12

7   55   ÷5   11

8   64   ÷2   32

9   69   ÷3   23

10   88   ÷8   11

빈 곳에 알맞은 수를 써넣으시오. (11~22)

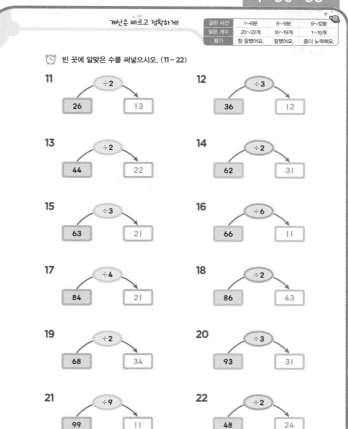

11   26   ÷2   13

12   36   ÷3   12

13   44   ÷2   22

14   62   ÷2   31

15   63   ÷3   21

16   66   ÷6   11

17   84   ÷4   21

18   86   ÷2   43

19   68   ÷2   34

20   93   ÷3   31

21   99   ÷9   11

22   48   ÷2   24

---

11 내림이 있고 나머지가 없는 (몇십몇)÷(몇)(1)

배운 날짜 월 일

계산은 빠르고 정확하게!

걸린 시간	1~5분	5~8분	8~10분
맞은 개수	14~15개	11~13개	1~10개
평가	참 잘했어요.	잘했어요.	좀더 노력해요.

➡ 45÷3의 계산

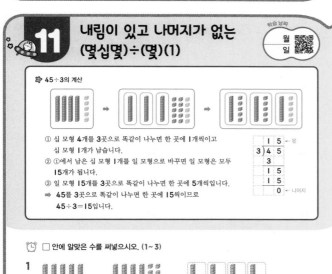

① 십 모형 4개를 3곳으로 똑같이 나누면 한 곳에 1개씩이고 십 모형 1개가 남습니다.
② ①에서 남은 십 모형 1개를 일 모형으로 바꾸면 일 모형은 모두 15개가 됩니다.
③ 일 모형 15개를 3곳으로 똑같이 나누면 한 곳에 5개씩입니다.
➡ 45를 3곳으로 똑같이 나누면 한 곳에 15씩이므로 45÷3=15입니다.

```
      1 5 ← 몫
  3 )4 5
    3
    1 5
    1 5
      0 ← 나머지
```

□ 안에 알맞은 수를 써넣으시오. (1~3)

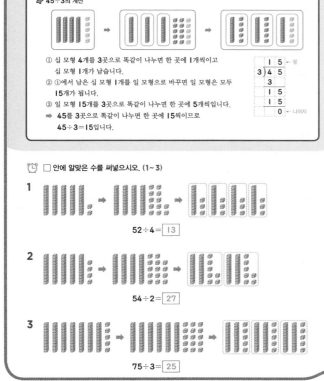

1   52÷4= 13

2   54÷2= 27

3   75÷3= 25

계산을 하시오. (4~15)

4
```
      1 7
  2 )3 4
    2
    1 4
    1 4
      0
```

5
```
      1 4
  3 )4 2
    3
    1 2
    1 2
      0
```

6
```
      1 6
  4 )6 4
    4
    2 4
    2 4
      0
```

7
```
      1 9
  2 )3 8
    2
    1 8
    1 8
      0
```

8
```
      1 6
  3 )4 8
    3
    1 8
    1 8
      0
```

9
```
      1 4
  4 )5 6
    4
    1 6
    1 6
      0
```

10
```
      1 3
  5 )6 5
    5
    1 5
    1 5
      0
```

11
```
      1 2
  6 )7 2
    6
    1 2
    1 2
      0
```

12
```
      2 8
  3 )8 4
    6
    2 4
    2 4
      0
```

13
```
      1 5
  5 )7 5
    5
    2 5
    2 5
      0
```

14
```
      1 4
  6 )8 4
    6
    2 4
    2 4
      0
```

15
```
      2 3
  4 )9 2
    8
    1 2
    1 2
      0
```

11 내림이 있고 나머지가 없는 (몇십몇)÷(몇) (2)

월 일

계산은 빠르고 정확하게!

걸린 시간	1~8분	8~12분	12~16분
맞은 개수	26~28개	20~25개	1~19개
평가	참 잘했어요.	잘했어요.	좀더 노력해요.

🕐 계산을 하시오. (1~12)

1
```
    2 6
2 ) 5 2
    4
    1 2
    1 2
      0
```

2
```
    2 9
3 ) 8 7
    6
    2 7
    2 7
      0
```

3
```
    2 4
4 ) 9 6
    8
    1 6
    1 6
      0
```

4
```
    1 7
5 ) 8 5
    5
    3 5
    3 5
      0
```

5
```
    1 5
6 ) 9 0
    6
    3 0
    3 0
      0
```

6
```
    1 3
7 ) 9 1
    7
    2 1
    2 1
      0
```

7
```
    1 2
8 ) 9 6
    8
    1 6
    1 6
      0
```

8
```
    3 7
2 ) 7 4
    6
    1 4
    1 4
      0
```

9
```
    2 6
3 ) 7 8
    6
    1 8
    1 8
      0
```

10
```
    1 2
7 ) 8 4
    7
    1 4
    1 4
      0
```

11
```
    3 8
2 ) 7 6
    6
    1 6
    1 6
      0
```

12
```
    2 7
3 ) 8 1
    6
    2 1
    2 1
      0
```

🕐 계산을 하시오. (13~28)

13 38÷2= 19

14 56÷4= 14

15 48÷3= 16

16 95÷5= 19

17 98÷7= 14

18 68÷4= 17

19 76÷4= 19

20 58÷2= 29

21 65÷5= 13

22 96÷6= 16

23 72÷2= 36

24 75÷3= 25

25 96÷4= 24

26 90÷5= 18

27 72÷3= 24

28 92÷4= 23

11 내림이 있고 나머지가 없는 (몇십몇)÷(몇) (3)

월 일

계산은 빠르고 정확하게!

걸린 시간	1~7분	7~10분	10~13분
맞은 개수	20~22개	16~19개	1~15개
평가	참 잘했어요.	잘했어요.	좀더 노력해요.

🕐 □ 안에 알맞은 수를 써넣으시오. (1~10)

1 36 ÷2 → 18

2 51 ÷3 → 17

3 56 ÷4 → 14

4 95 ÷5 → 19

5 78 ÷6 → 13

6 98 ÷7 → 14

7 56 ÷2 → 28

8 72 ÷3 → 24

9 84 ÷3 → 28

10 92 ÷4 → 23

🕐 빈 곳에 알맞은 수를 써넣으시오. (11~22)

11 34 ÷2 17

12 48 ÷3 16

13 76 ÷2 38

14 65 ÷5 13

15 54 ÷3 18

16 96 ÷6 16

17 96 ÷4 24

18 91 ÷7 13

19 87 ÷3 29

20 75 ÷3 25

21 85 ÷5 17

22 96 ÷8 12

12 나머지가 있는 (몇십몇)÷(몇)(1)

학습 날짜
월 일

나머지가 있는 (몇십몇)÷(몇)

・27÷5의 계산

```
      5 ← 몫
  5)2 7
    2 5
      2 ← 나머지
```

27을 5로 나누면 몫은 5이고 2가 남습니다. 이때 2를 27÷5의 나머지라고 합니다.
➡ 27÷5=5…2

・45÷5의 계산

```
      9 ← 몫
  5)4 5
    4 5
      0 ← 나머지
```

45를 5로 나누면 몫은 9이고 나머지가 없습니다. 나머지가 없을 때 45는 5로 나누어떨어진다고 합니다.
➡ 45÷5=9

나눗셈을 하고 몫과 나머지를 구하시오. (1~6)

1
```
      8
  3)2 5
    2 4
      1
```
➡ 몫 8 / 나머지 1

2
```
      8
  4)3 4
    3 2
      2
```
➡ 몫 8 / 나머지 2

3
```
      9
  5)4 8
    4 5
      3
```
➡ 몫 9 / 나머지 3

4
```
      8
  8)7 1
    6 4
      7
```
➡ 몫 8 / 나머지 7

5
```
      9
  9)8 2
    8 1
      1
```
➡ 몫 9 / 나머지 1

6
```
      4
  9)3 6
    3 6
      0
```
➡ 몫 4 / 나머지 0

계산은 빠르고 정확하게!

걸린 시간	1~5분	5~8분	8~10분
맞은 개수	13~14개	10~12개	1~9개
평가	참 잘했어요.	잘했어요.	좀더 노력해요.

나눗셈을 하고 몫과 나머지를 구하시오. (7~14)

7
```
    1 5
  3)4 7
    3
    1 7
    1 5
      2
```
➡ 몫 15 / 나머지 2

8
```
    1 5
  4)6 3
    4
    2 3
    2 0
      3
```
➡ 몫 15 / 나머지 3

9
```
    1 1
  5)5 9
    5
    9
    5
    4
```
➡ 몫 11 / 나머지 4

10
```
    1 3
  6)7 9
    6
    1 9
    1 8
      1
```
➡ 몫 13 / 나머지 1

11
```
    1 3
  7)9 6
    7
    2 6
    2 1
      5
```
➡ 몫 13 / 나머지 5

12
```
    2 3
  4)9 5
    8
    1 5
    1 2
      3
```
➡ 몫 23 / 나머지 3

13
```
    2 8
  3)8 5
    6
    2 5
    2 4
      1
```
➡ 몫 28 / 나머지 1

14
```
    2 3
  4)9 2
    8
    1 2
    1 2
      0
```
➡ 몫 23 / 나머지 0

---

 12 나머지가 있는 (몇십몇)÷(몇)(2)

학습 날짜
월 일

계산을 하여 몫과 나머지를 쓰시오. (1~12)

1
```
      6
  4)2 7
    2 4
      3
```
➡ 몫 6 / 나머지 3

2
```
      5
  5)2 9
    2 5
      4
```
➡ 몫 5 / 나머지 4

3
```
      4
  8)3 6
    3 2
      4
```
➡ 몫 4 / 나머지 4

4
```
      5
  7)3 7
    3 5
      2
```
➡ 몫 5 / 나머지 2

5
```
      8
  9)7 4
    7 2
      2
```
➡ 몫 8 / 나머지 2

6
```
      8
  3)2 5
    2 4
      1
```
➡ 몫 8 / 나머지 1

7
```
    1 3
  6)8 0
    6
    2 0
    1 8
      2
```
➡ 몫 13 / 나머지 2

8
```
    2 3
  2)4 7
    4
    7
    6
    1
```
➡ 몫 23 / 나머지 1

9
```
    1 2
  8)9 7
    8
    1 7
    1 6
      1
```
➡ 몫 12 / 나머지 1

10
```
    1 2
  7)8 9
    7
    1 9
    1 4
      5
```
➡ 몫 12 / 나머지 5

11
```
    1 5
  6)9 5
    6
    3 5
    3 0
      5
```
➡ 몫 15 / 나머지 5

12
```
    2 0
  4)8 3
    8
      3
```
➡ 몫 20 / 나머지 3

계산은 빠르고 정확하게!

걸린 시간	1~8분	8~12분	12~16분
맞은 개수	26~28개	20~25개	1~19개
평가	참 잘했어요.	잘했어요.	좀더 노력해요.

□ 안에 알맞은 수를 써넣으시오. (13~28)

13 46÷6= 7 … 4

14 58÷9= 6 … 4

15 15÷2= 7 … 1

16 38÷5= 7 … 3

17 30÷4= 7 … 2

18 44÷7= 6 … 2

19 53÷7= 7 … 4

20 66÷8= 8 … 2

21 77÷5= 15 … 2

22 65÷4= 16 … 1

23 83÷3= 27 … 2

24 95÷7= 13 … 4

25 87÷6= 14 … 3

26 93÷4= 23 … 1

27 79÷5= 15 … 4

28 87÷4= 21 … 3

12 나머지가 있는 (몇십몇)÷(몇)(3)

월 일

계산은 빠르고 정확하게!

걸린 시간	1~7분	7~10분	10~14분
맞은 개수	18~20개	14~17개	1~13개
평가	참 잘했어요.	잘했어요.	좀더 노력해요.

🕐 나눗셈을 하고 □ 안에 알맞은 수를 써넣으시오. (1~10)

1
2)17 (몫 8, 16, 나머지 1) ⇒ 2 × 8 + 1 = 17

2
3)22 (몫 7, 21, 나머지 1) ⇒ 3 × 7 + 1 = 22

3
4)34 (몫 8, 32, 나머지 2) ⇒ 4 × 8 + 2 = 34

4
5)42 (몫 8, 40, 나머지 2) ⇒ 5 × 8 + 2 = 42

5
6)25 (몫 4, 24, 나머지 1) ⇒ 6 × 4 + 1 = 25

6
7)46 (몫 6, 42, 나머지 4) ⇒ 7 × 6 + 4 = 46

7
8)51 (몫 6, 48, 나머지 3) ⇒ 8 × 6 + 3 = 51

8
9)59 (몫 6, 54, 나머지 5) ⇒ 9 × 6 + 5 = 59

9
7)58 (몫 8, 56, 나머지 2) ⇒ 7 × 8 + 2 = 58

10
6)52 (몫 8, 48, 나머지 4) ⇒ 6 × 8 + 4 = 52

🕐 나눗셈을 하고 □ 안에 알맞은 수를 써넣으시오. (11~20)

11
2)35 (몫 17, 2, 15, 14, 나머지 1) ⇒ 2 × 17 + 1 = 35

12
3)46 (몫 15, 3, 16, 15, 나머지 1) ⇒ 3 × 15 + 1 = 46

13
4)61 (몫 15, 4, 21, 20, 나머지 1) ⇒ 4 × 15 + 1 = 61

14
5)78 (몫 15, 5, 28, 25, 나머지 3) ⇒ 5 × 15 + 3 = 78

15
6)75 (몫 12, 6, 15, 12, 나머지 3) ⇒ 6 × 12 + 3 = 75

16
7)95 (몫 13, 7, 25, 21, 나머지 4) ⇒ 7 × 13 + 4 = 95

17
8)94 (몫 11, 8, 14, 8, 나머지 6) ⇒ 8 × 11 + 6 = 94

18
9)98 (몫 10, 9, 나머지 8) ⇒ 9 × 10 + 8 = 98

19
4)87 (몫 21, 8, 7, 4, 나머지 3) ⇒ 4 × 21 + 3 = 87

20
3)92 (몫 30, 9, 나머지 2) ⇒ 3 × 30 + 2 = 92

12 나머지가 있는 (몇십몇)÷(몇)(4)

월 일

계산은 빠르고 정확하게!

걸린 시간	1~8분	8~12분	12~16분
맞은 개수	15~16개	12~14개	1~11개
평가	참 잘했어요.	잘했어요.	좀더 노력해요.

🕐 나눗셈을 하여 몫은 □ 안에, 나머지는 ◯ 안에 써넣으시오. (1~8)

1
25 ÷ 3 = 8 … 1, 25 ÷ 4 = 6 … 1

2
37 ÷ 4 = 9 … 1, 37 ÷ 5 = 7 … 2

3
49 ÷ 5 = 9 … 4, 49 ÷ 6 = 8 … 1

4
55 ÷ 6 = 9 … 1, 55 ÷ 7 = 7 … 6

5
65 ÷ 7 = 9 … 2, 65 ÷ 8 = 8 … 1

6
66 ÷ 8 = 8 … 2, 66 ÷ 9 = 7 … 3

7
43 ÷ 6 = 7 … 1, 43 ÷ 8 = 5 … 3

8
53 ÷ 7 = 7 … 4, 53 ÷ 9 = 5 … 8

🕐 나눗셈을 하고 몫은 □ 안에, 나머지는 ◯ 안에 써넣으시오. (9~16)

9
67 ÷ 2 = 33 … 1, 67 ÷ 3 = 22 … 1

10
93 ÷ 5 = 18 … 3, 93 ÷ 6 = 15 … 3

11
82 ÷ 4 = 20 … 2, 82 ÷ 6 = 13 … 4

12
95 ÷ 7 = 13 … 4, 95 ÷ 8 = 11 … 7

13
88 ÷ 5 = 17 … 3, 88 ÷ 6 = 14 … 4

14
79 ÷ 2 = 39 … 1, 79 ÷ 4 = 19 … 3

15
89 ÷ 7 = 12 … 5, 89 ÷ 8 = 11 … 1

16
94 ÷ 4 = 23 … 2, 94 ÷ 6 = 15 … 4

13 나머지가 없는 (세 자리 수)÷(한 자리 수)(1)

월 일

➡ 375÷5의 계산

```
      7 5 ← 몫
  5)3 7 5
    3 5 0 ← 5×70=350
      2 5
      2 5 ← 5×5=25
        0 ← 나머지
```

• 백의 자리에서는 5로 나눌 수 없으므로 십의 자리에서부터 나눕니다.

➡ 560÷4의 계산

```
      1 4 0 ← 몫
  4)5 6 0
    4 0 0 ← 4×100=400
    1 6 0
    1 6 0 ← 4×40=160
        0 ← 나머지
```

• 백의 자리부터 순서대로 계산합니다.
• 560÷4의 몫은 56÷4의 몫의 10배 입니다.

계산은 빠르고 정확하게!

걸린 시간	1~6분	6~9분	9~12분
맞은 개수	17~18개	13~16개	1~12개
평가	참 잘했어요	잘했어요	좀더 노력해요

⏰ 계산을 하시오. (1~9)

1
```
      6 5
  4)2 6 0
    2 4
      2 0
      2 0
        0
```

2
```
      7 5
  3)2 2 5
    2 1
      1 5
      1 5
        0
```

3
```
      4 7
  6)2 8 2
    2 4
      4 2
      4 2
        0
```

4
```
      1 9 0
  3)5 7 0
    3
    2 7
    2 7
      0
```

5
```
      1 7 0
  5)8 5 0
    5
    3 5
    3 5
      0
```

6
```
      2 3 0
  4)9 2 0
    8
    1 2
    1 2
      0
```

7
```
      9 4
  8)7 5 2
    7 2
      3 2
      3 2
        0
```

8
```
      7 5
  6)4 5 0
    4 2
      3 0
      3 0
        0
```

9
```
      2 4 0
  3)7 2 0
    6
    1 2
    1 2
      0
```

⏰ 계산을 하시오. (10~18)

10
```
      2 4 2
  3)7 2 6
    6
    1 2
    1 2
      6
      6
      0
```

11
```
      2 0 4
  4)8 1 6
    8
    1 6
    1 6
      0
```

12
```
      1 3 1
  5)6 5 5
    5
    1 5
    1 5
      5
      5
      0
```

13
```
      1 3 2
  6)7 9 2
    6
    1 9
    1 8
      1 2
      1 2
        0
```

14
```
      1 9 7
  2)3 9 4
    2
    1 9
    1 8
      1 4
      1 4
        0
```

15
```
      1 9 1
  4)7 6 4
    4
    3 6
    3 6
      4
      4
      0
```

16
```
      1 5 7
  5)7 8 5
    5
    2 8
    2 5
      3 5
      3 5
        0
```

17
```
      3 1 5
  3)9 4 5
    9
    4
    3
    1 5
    1 5
      0
```

18
```
      1 7 3
  4)6 9 2
    4
    2 9
    2 8
      1 2
      1 2
        0
```

13 나머지가 없는 (세 자리 수)÷(한 자리 수)(2)

월 일

⏰ □ 안에 알맞은 수를 써넣으시오. (1~9)

1
```
      6 8
  2)1 3 6
    1 2
      1 6
      1 6
        0
```

2
```
      8 4
  3)2 5 2
    2 4
      1 2
      1 2
        0
```

3
```
      6 9
  4)2 7 6
    2 4
      3 6
      3 6
        0
```

4
```
      7 5
  5)3 7 5
    3 5
      2 5
      2 5
        0
```

5
```
      7 7
  6)4 6 2
    4 2
      4 2
      4 2
        0
```

6
```
      5 3
  7)3 7 1
    3 5
      2 1
      2 1
        0
```

7
```
      5 9
  8)4 7 2
    4 0
      7 2
      7 2
        0
```

8
```
      6 8
  9)6 1 2
    5 4
      7 2
      7 2
        0
```

9
```
      5 7
  5)2 8 5
    2 5
      3 5
      3 5
        0
```

계산은 빠르고 정확하게!

걸린 시간	1~6분	6~9분	9~12분
맞은 개수	17~18개	13~16개	1~12개
평가	참 잘했어요	잘했어요	좀더 노력해요

⏰ □ 안에 알맞은 수를 써넣으시오. (10~18)

10
```
      1 5 3
  3)4 5 9
    3
    1 5
    1 5
      9
      9
      0
```

11
```
      1 2 6
  6)7 5 6
    6
    1 5
    1 5
      3 6
      3 6
        0
```

12
```
      1 7 5
  5)8 7 5
    5
    3 7
    3 5
      2 5
      2 5
        0
```

13
```
      1 5 7
  4)6 2 8
    4
    2 2
    2 0
      2 8
      2 8
        0
```

14
```
      1 2 1
  7)8 4 7
    7
    1 4
    1 4
      7
      7
      0
```

15
```
      1 1 6
  8)9 2 8
    8
    1 2
    8
      4 8
      4 8
        0
```

16
```
      1 4 6
  6)8 7 6
    6
    2 7
    2 4
      3 6
      3 6
        0
```

17
```
      1 8 8
  4)7 5 2
    4
    3 5
    3 2
      3 2
      3 2
        0
```

18
```
      1 4 2
  7)9 9 4
    7
    2 9
    2 8
      1 4
      1 4
        0
```

13 나머지가 없는 (세 자리 수)÷(한 자리 수)(3)

학습 날짜
월 일

계산은 빠르고 정확하게!

걸린 시간	1~8분	8~12분	12~16분
맞은 개수	26~28개	20~25개	1~19개
평가	참 잘했어요.	잘했어요.	좀더 노력해요.

□ 안에 알맞은 수를 써넣으시오. (1~12)

1
```
    1 0 7
5 ) 5 3 5
    5
    ─────
      3 5
      3 5
    ─────
        0
```

2
```
    1 5 6
4 ) 6 2 4
    4
    ─────
      2 2
      2 0
    ─────
        2 4
        2 4
    ─────
          0
```

3
```
    1 5 2
3 ) 4 5 6
    3
    ─────
      1 5
      1 5
    ─────
          6
          6
    ─────
          0
```

4
```
    1 8 7
4 ) 7 4 8
    4
    ─────
      3 4
      3 2
    ─────
        2 8
        2 8
    ─────
          0
```

5
```
    1 1 8
7 ) 8 2 6
    7
    ─────
      1 2
       7
    ─────
        5 6
        5 6
    ─────
          0
```

6
```
    1 4 9
5 ) 7 4 5
    5
    ─────
      2 4
      2 0
    ─────
        4 5
        4 5
    ─────
          0
```

7
```
      4 3
9 ) 3 8 7
    3 6
    ─────
      2 7
      2 7
    ─────
        0
```

8
```
      8 1
4 ) 3 2 4
    3 2
    ─────
        4
        4
    ─────
        0
```

9
```
      4 9
9 ) 4 4 1
    3 6
    ─────
      8 1
      8 1
    ─────
        0
```

10
```
      9 1
3 ) 2 7 3
    2 7
    ─────
        3
        3
    ─────
        0
```

11
```
      3 9
4 ) 1 5 6
    1 2
    ─────
      3 6
      3 6
    ─────
        0
```

12
```
      4 3
8 ) 3 4 4
    3 2
    ─────
      2 4
      2 4
    ─────
        0
```

□ 안에 알맞은 수를 써넣으시오. (13~28)

13 435÷3=145 **14** 736÷4=184

15 685÷5=137 **16** 828÷3=276

17 942÷6=157 **18** 548÷4=137

19 725÷5=145 **20** 936÷2=468

21 248÷4=62 **22** 384÷6=64

23 455÷7=65 **24** 528÷8=66

25 425÷5=85 **26** 399÷7=57

27 747÷9=83 **28** 558÷6=93

13 나머지가 없는 (세 자리 수)÷(한 자리 수)(4)

학습 날짜
월 일

계산은 빠르고 정확하게!

걸린 시간	1~7분	7~10분	10~13분
맞은 개수	20~22개	16~19개	1~15개
평가	참 잘했어요.	잘했어요.	좀더 노력해요.

□ 안에 알맞은 수를 써넣으시오. (1~10)

1 116 →÷4→ 29

2 375 →÷3→ 125

3 555 →÷3→ 185

4 132 →÷6→ 22

5 648 →÷4→ 162

6 483 →÷7→ 69

7 805 →÷5→ 161

8 498 →÷3→ 166

9 208 →÷8→ 26

10 764 →÷4→ 191

빈 곳에 알맞은 수를 써넣으시오. (11~22)

11 535 →÷5→ 107

12 624 →÷4→ 156

13 441 →÷7→ 63

14 345 →÷5→ 69

15 456 →÷3→ 152

16 336 →÷6→ 56

17 824 →÷4→ 206

18 364 →÷7→ 52

19 576 →÷3→ 192

20 192 →÷3→ 64

21 765 →÷5→ 153

22 544 →÷8→ 68

14 나머지가 있는 (세 자리 수)÷(한 자리 수)(1)

 월 일

437÷3의 계산

```
    1 4 5 ← 몫
3)4 3 7
  3 0 0 ← 3×100=300
  1 3 7
  1 2 0 ← 3×40=120
    1 7
    1 5 ← 3×5=15
      2 ← 나머지
```

· 백의 자리부터 순서대로 계산합니다.
· 나머지는 나누는 수보다 작습니다.

3 × 145 + 2 = 437
나누는 수   몫   나머지   나누어지는 수

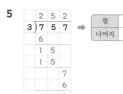

계산은 빠르고 정확하게!

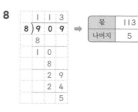

걸린 시간	1~5분	5~8분	8~10분
맞은 개수	9~10개	7~8개	1~6개
평가	참 잘했어요.	잘했어요.	좀더 노력해요.

⏰ 나눗셈을 하고 몫과 나머지를 구하시오. (1~4)

1
```
    1 9 1
2)3 8 3
  2
  1 8
  1 8
      3
      2
      1
```
➡ 몫 191 / 나머지 1

2
```
    1 5 2
3)4 5 8
  3
  1 5
  1 5
      8
      6
      2
```
➡ 몫 152 / 나머지 2

3
```
    1 6 4
4)6 5 7
  4
  2 5
  2 4
      1 7
      1 6
        1
```
➡ 몫 164 / 나머지 1

4
```
    7 5
5)3 7 8
  3 5
    2 8
    2 5
      3
```
➡ 몫 75 / 나머지 3

⏰ 나눗셈을 하고 몫과 나머지를 구하시오. (5~10)

5
```
    2 5 2
3)7 5 7
  6
  1 5
  1 5
      7
      6
      1
```
➡ 몫 252 / 나머지 1

6
```
    1 6 9
5)8 4 8
  5
  3 4
  3 0
      4 8
      4 5
        3
```
➡ 몫 169 / 나머지 3

7
```
    1 4 9
6)8 9 8
  6
  2 9
  2 4
      5 8
      5 4
        4
```
➡ 몫 149 / 나머지 4

8
```
    1 1 3
8)9 0 9
  8
  1 0
    8
    2 9
    2 4
      5
```
➡ 몫 113 / 나머지 5

9
```
    3 5
7)2 4 8
  2 1
    3 8
    3 5
      3
```
➡ 몫 35 / 나머지 3

10
```
    7 3
6)4 3 9
  4 2
    1 9
    1 8
      1
```
➡ 몫 73 / 나머지 1

---

14 나머지가 있는 (세 자리 수)÷(한 자리 수)(2)

월 일

계산은 빠르고 정확하게!

걸린 시간	1~8분	8~12분	12~16분
맞은 개수	17~18개	13~16개	1~12개
평가	참 잘했어요.	잘했어요.	좀더 노력해요.

⏰ □ 안에 알맞은 수를 써넣으시오. (1~9)

1
```
    1 0 1
4)4 0 7
  4
  0
  0
    7
    4
    3
```

2
```
    1 2 7
5)6 3 6
  5
  1 3
  1 0
    3 6
    3 5
      1
```

3
```
    1 4 3
6)8 5 9
  6
  2 5
  2 4
    1 9
    1 8
      1
```

4
```
    2 8 9
3)8 6 9
  6
  2 6
  2 4
    2 9
    2 7
      2
```

5
```
    1 4 7
4)5 8 9
  4
  1 8
  1 6
    2 9
    2 8
      1
```

6
```
    1 6 7
5)8 3 7
  5
  3 3
  3 0
    3 7
    3 5
      2
```

7
```
    6 4
6)3 8 9
  3 6
    2 9
    2 4
      5
```

8
```
    4 8
8)3 8 5
  3 2
    6 5
    6 4
      1
```

9
```
    8 2
7)5 7 8
  5 6
    1 8
    1 4
      4
```

⏰ □ 안에 알맞은 수를 써넣으시오. (10~18)

10
```
    1 0 1
5)5 0 8
  5
  0
  0
    8
    5
    3
```

11
```
    1 0 4
6)6 2 7
  6
  2
  0
    2 7
    2 4
      3
```

12
```
    1 2 1
7)8 4 9
  7
  1 4
  1 4
      9
      7
      2
```

13
```
    2 5 2
3)7 5 7
  6
  1 5
  1 5
      7
      6
      1
```

14
```
    1 4 3
4)5 7 5
  4
  1 7
  1 7
      1 5
      1 5
        0
```

15
```
    2 3 4
4)9 3 8
  8
  1 3
  1 2
    1 8
    1 6
      2
```

16
```
    4 3
6)2 5 9
  2 4
    1 9
    1 8
      1
```

17
```
    5 4
7)3 8 2
  3 5
    3 2
    2 8
      4
```

18
```
    5 1
9)4 6 7
  4 5
    1 7
      9
      8
```

C-2 21

정답

14 나머지가 있는 (세 자리 수)÷(한 자리 수)(3)

월 일

계산은 빠르고 정확하게!

걸린 시간	1~9분	9~14분	14~18분
맞은 개수	18~20개	14~17개	1~13개
평가	참 잘했어요	잘했어요	좀더 노력해요

계산을 하여 몫과 나머지를 쓰시오. (1~8)

1
```
    173
5)869
  5
  36
  35
   19
   15
    4
```
몫 173
나머지 4

2
```
    143
5)716
  5
  21
  20
   16
   15
    1
```
몫 143
나머지 1

3
```
    164
5)823
  5
  32
  30
   23
   20
    3
```
몫 164
나머지 3

4
```
    137
6)825
  6
  22
  18
   45
   42
    3
```
몫 137
나머지 3

5
```
   65
6)393
  36
   33
   30
    3
```
몫 65
나머지 3

6
```
   42
7)296
  28
   16
   14
    2
```
몫 42
나머지 2

7
```
   79
8)639
  56
   79
   72
    7
```
몫 79
나머지 7

8
```
   47
9)428
  36
   68
   63
    5
```
몫 47
나머지 5

□ 안에 알맞은 수를 써넣으시오. (9~20)

9 $125 \div 2 = 62 \cdots 1$
➡ $2 \times 62 + 1 = 125$

10 $378 \div 4 = 94 \cdots 2$
➡ $4 \times 94 + 2 = 378$

11 $656 \div 9 = 72 \cdots 8$
➡ $9 \times 72 + 8 = 656$

12 $245 \div 6 = 40 \cdots 5$
➡ $6 \times 40 + 5 = 245$

13 $322 \div 9 = 35 \cdots 7$
➡ $9 \times 35 + 7 = 322$

14 $649 \div 7 = 92 \cdots 5$
➡ $7 \times 92 + 5 = 649$

15 $745 \div 7 = 106 \cdots 3$
➡ $7 \times 106 + 3 = 745$

16 $872 \div 4 = 217 \cdots 4$
➡ $4 \times 217 + 4 = 872$

17 $839 \div 3 = 279 \cdots 2$
➡ $3 \times 279 + 2 = 839$

18 $745 \div 6 = 124 \cdots 1$
➡ $6 \times 124 + 1 = 745$

19 $794 \div 5 = 158 \cdots 4$
➡ $5 \times 158 + 4 = 794$

20 $865 \div 4 = 216 \cdots 1$
➡ $4 \times 216 + 1 = 865$

14 나머지가 있는 (세 자리 수)÷(한 자리 수)(4)

월 일

계산은 빠르고 정확하게!

걸린 시간	1~8분	8~12분	12~16분
맞은 개수	15~16개	12~14개	1~11개
평가	참 잘했어요	잘했어요	좀더 노력해요

나눗셈을 하여 몫은 □ 안에, 나머지는 ○ 안에 써넣으시오. (1~8)

1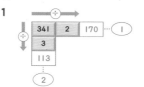
341 ÷2→ 170 ⋯ 1
3
113
2

2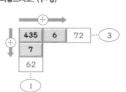
435 ÷6→ 72 ⋯ 3
7
62
1

3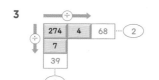
274 ÷4→ 68 ⋯ 2
7
39
1

4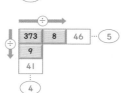
373 ÷8→ 46 ⋯ 5
9
41
4

5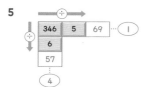
346 ÷5→ 69 ⋯ 1
6
57
4

6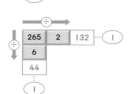
265 ÷2→ 132 ⋯ 1
6
44
1

7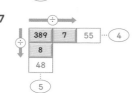
389 ÷7→ 55 ⋯ 4
8
48
5

8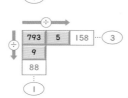
793 ÷5→ 158 ⋯ 3
9
88
1

나눗셈을 하여 몫은 □ 안에, 나머지는 ○ 안에 써넣으시오. (9~16)

9
419 ÷2→ 209 ⋯ 1
3
139
2

10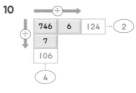
746 ÷6→ 124 ⋯ 2
7
106
4

11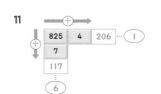
825 ÷4→ 206 ⋯ 1
7
117
6

12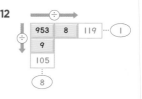
953 ÷8→ 119 ⋯ 1
9
105
8

13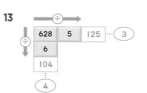
628 ÷5→ 125 ⋯ 3
6
104
4

14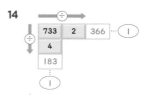
733 ÷2→ 366 ⋯ 1
4
183
1

15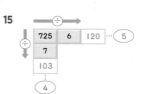
725 ÷6→ 120 ⋯ 5
7
103
4

16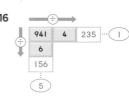
941 ÷4→ 235 ⋯ 1
6
156
5

15 신기한 연산(1)

학습 날짜
월
일

계산은 빠르고 정확하게!

걸린 시간	1~12분	12~18분	18~24분
맞은 개수	22~24개	17~21개	1~16개
평가	참 잘했어요	잘했어요	좀더 노력해요

□ 안에 알맞은 수를 써넣으시오. (1~15)

1
```
  1 2 [3]
×     4
[4] 9 2
```

2
```
  3 3 [8]
×     2
6 7 [6]
```

3
```
  2 3 6
×     3
[7] 0 [8]
```

4
```
  1 3 4
×   [5]
6 7 0
```

5
```
  2 4 6
×   [3]
7 3 [8]
```

6
```
  2 3 1
×   [4]
9 2 [4]
```

7
```
  6 2 3
×   [2]
[1] 2 4 6
```

8
```
  7 3 2
×   [4]
2 9 2 8
```

9
```
  8 3 2
×   [3]
2 4 [9] 6
```

10
```
  6 [5] 7
×     4
2 6 2 8
```

11
```
  6 [7] 4
×     3
2 0 2 2
```

12
```
  4 2 3
×     7
2 9 6 1
```

13
```
  4 3 3
×   [5]
2 1 [6] 5
```

14
```
  [5] 7 2
×     6
3 4 [3] 2
```

15
```
  8 5 9
×     2
1 7 [1] 8
```

□ 안에 알맞은 수를 써넣으시오. (16~24)

16
```
    2 7
×   4 [5]
  1 3 5
1 0 8 0
1 2 1 5
```

17
```
    3 4
×   5 7
  2 3 8
1 7 0 0
1 9 3 8
```

18
```
    4 6
×   3 6
  2 7 6
1 3 8 0
1 6 5 6
```

19
```
    5 3
×   4 [9]
  4 7 7
2 1 2 0
2 5 9 7
```

20
```
    6 8
×   3 [7]
  4 7 6
2 0 4 0
2 5 1 6
```

21
```
    7 5
×   6 [3]
  2 2 5
4 5 0 0
4 7 2 5
```

22
```
    5 5
×   3 7
  3 8 5
1 6 5 0
2 0 3 5
```

23
```
    4 9
×   4 6
  2 9 4
1 9 6 0
2 2 5 4
```

24
```
    3 4
×   5 8
  2 7 2
1 7 0 0
1 9 7 2
```

15 신기한 연산(2)

학습 날짜
월
일

계산은 빠르고 정확하게!

걸린 시간	1~10분	10~15분	15~20분
맞은 개수	14~15개	11~13개	1~10개
평가	참 잘했어요	잘했어요	좀더 노력해요

□ 안에 알맞은 수를 써넣어 나눗셈식을 완성하시오. (1~9)

1
```
     7 4
3)2 2 2
  2 1
    1 2
    1 2
      0
```

2
```
     8 5
4)3 4 0
  3 2
    2 0
    2 0
      0
```

3
```
     6 7
5)3 3 5
  3 0
    3 5
    3 5
      0
```

4
```
     4 5
7)3 1 5
  2 8
    3 5
    3 5
      0
```

5
```
     6 4
8)5 1 2
  4 8
    3 2
    3 2
      0
```

6
```
     2 4
9)2 1 6
  1 8
    3 6
    3 6
      0
```

7
```
     6 8
5)3 4 0
  3 0
    4 0
    4 0
      0
```

8
```
     8 5
7)5 9 5
  5 6
    3 5
    3 5
      0
```

9
```
     9 3
9)8 3 7
  8 1
    2 7
    2 7
      0
```

□ 다음 나눗셈에서 나누는 수는 한 자리 수일 때 □ 안에 알맞은 수를 써넣으시오. (10~15)

10
61÷[2]=30…1   61÷[3]=20…1
61÷[4]=15…1   61÷[5]=12…1
61÷[6]=10…1

11
92÷[3]=30…2   92÷[5]=18…2
92÷[6]=15…2   92÷[9]=10…2

12
57÷[2]=28…1   57÷[4]=14…1
57÷[7]=8…1   57÷[8]=7…1

13
75÷[4]=18…3   75÷[6]=12…3
75÷[8]=9…3   75÷[9]=8…3

14
62÷[3]=20…2   62÷[4]=15…2
62÷[5]=12…2   62÷[6]=10…2

15
98÷[3]=32…2   98÷[4]=24…2
98÷[6]=16…2   98÷[8]=12…2

 확인 평가

걸린 시간	1~15분	15~20분	20~25분
맞은 개수	31~34개	24~30개	1~23개
평가	참 잘했어요.	잘했어요.	좀더 노력해요.

🕐 계산을 하시오. (1~15)

1
```
  1 2 3
×     3
  3 6 9
```

2
```
  2 3 4
×     2
  4 6 8
```

3
```
  3 2 3
×     3
  9 6 9
```

4
```
  1 2 6
×     3
  3 7 8
```

5
```
  1 4 2
×     4
  5 6 8
```

6
```
  2 7 3
×     3
  8 1 9
```

7
```
  4 2 4
×     3
1 2 7 2
```

8
```
  3 5 2
×     4
1 4 0 8
```

9
```
  5 4 7
×     6
3 2 8 2
```

10
```
    4 3
×   2 4
1 0 3 2
```

11
```
    3 7
×   5 6
2 0 7 2
```

12
```
    6 4
×   3 8
2 4 3 2
```

13
```
    3 4
×   3 6
1 2 2 4
```

14
```
    6 3
×   6 7
4 2 2 1
```

15
```
    7 2
×   7 8
5 6 1 6
```

🕐 주어진 숫자 카드를 사용하여 곱이 가장 큰 곱셈식을 만들고 곱을 구하시오. (16~21)

16
```
  5 3 2
×     8
4 2 5 6
```

17
```
  7 4 3
×     8
5 9 4 4
```

18
```
    8 2
×   5 4
4 4 2 8
```

19
```
    9 3
×   6 5
6 0 4 5
```

20
```
  7 5 3
×     8
6 0 2 4
```

21
```
    7 5
×   8 3
6 2 2 5
```

 확인 평가

크라운을 도전하세요!

🕐 계산을 하시오. (22~30)

22
```
      1 2
  2)2 4
    2
      4
      4
      0
```

23
```
      2 3
  3)6 9
    6
      9
      9
      0
```

24
```
      2 1
  4)8 4
    8
      4
      4
      0
```

25
```
      2 4
  3)7 2
    6
      1 2
      1 2
      0
```

26
```
      1 7
  5)8 5
    5
      3 5
      3 5
      0
```

27
```
      2 4
  4)9 6
    8
      1 6
      1 6
      0
```

28
```
      1 4 3
  3)4 2 9
    3
      1 2
      1 2
        9
        9
        0
```

29
```
      1 8 3
  4)7 3 2
    4
      3 3
      3 2
        1 2
        1 2
        0
```

30
```
      1 9 7
  5)9 8 5
    5
      4 8
      4 5
        3 5
        3 5
        0
```

🕐 계산을 하여 몫과 나머지를 쓰시오. (31~34)

31
```
      1 5
  5)7 8
    5
    2 8
    2 5
      3
```
→ | 몫 | 15 |
  | 나머지 | 3 |

32
```
      1 5
  6)9 4
    6
    3 4
    3 0
      4
```
→ | 몫 | 15 |
  | 나머지 | 4 |

33
```
      4 5
  8)3 6 5
    3 2
      4 5
      4 0
        5
```
→ | 몫 | 45 |
  | 나머지 | 5 |

34
```
      6 9
  7)4 8 4
    4 2
      6 4
      6 3
        1
```
→ | 몫 | 69 |
  | 나머지 | 1 |

👑 크라운 온라인 평가 응시 방법

에듀왕닷컴 접속 www.eduwang.com
⊗
메인 상단 메뉴에서 단원평가 클릭
⊗
단계 및 단원 선택
⊗
온라인 단원평가 실시(30분 동안 평가 실시)
⊗
크라운 확인

🐰 각 단원평가를 통해 100점을 받으시면 크라운 1개를 드리며, 획득하신 크라운으로 에듀왕 닷컴에서 판매하고 있는 교재 및 서비스를 무료로 구매하실 수 있습니다.

(크라운 1개 – 1000원)

1 분수 알아보기(1)

월 일

- 오른쪽 그림에서 색칠한 부분은 전체를 똑같이 **2**로 나눈 것 중의 **1**입니다.
  이것을 $\frac{1}{2}$ 이라 쓰고 2분의 1이라고 읽습니다.

  $$\frac{1}{2} \begin{matrix} \leftarrow \text{색칠한 부분의 수(분자)} \\ \leftarrow \text{전체를 똑같이 나눈 수(분모)} \end{matrix}$$

- 오른쪽 그림에서 색칠한 부분은 전체를 똑같이 **3**으로 나눈 것 중의 **2**입니다.
  이것을 $\frac{2}{3}$ 라 쓰고 3분의 2라고 읽습니다.

- $\frac{1}{2}$, $\frac{1}{3}$, $\frac{3}{4}$, … 등과 같은 수를 분수라고 합니다.

점을 이용하여 똑같이 나누어 보시오. (1~3)

1 똑같이 둘로 나누시오.

2 똑같이 셋으로 나누시오.

3 똑같이 넷으로 나누시오.

걸린 시간	1~6분	6~9분	9~12분
맞은 개수	8~9개	6~7개	1~5개
평가	참 잘했어요.	잘했어요.	좀더 노력해요.

□ 안에 알맞은 수를 써넣으시오. (4~9)

4 부분 △ 은 전체 ◇ 를 똑같이 2 로 나눈 것 중의 1 입니다. ➡ $\frac{1}{2}$

5 부분 △ 은 전체 △ 를 똑같이 4 로 나눈 것 중의 1 입니다. ➡ $\frac{1}{4}$

6 부분 △ 은 전체 ⬡ 를 똑같이 8 로 나눈 것 중의 1 입니다. ➡ $\frac{1}{8}$

7 부분 ◇ 은 전체 ⬡ 를 똑같이 6 으로 나눈 것 중의 2 입니다. ➡ $\frac{2}{6}$

8 부분 ◇ 은 전체 ⬠ 를 똑같이 5 로 나눈 것 중의 3 입니다. ➡ $\frac{3}{5}$

9 부분 ▭ 은 전체 ▭ 를 똑같이 4 로 나눈 것 중의 2 입니다. ➡ $\frac{2}{4}$

---

1 분수 알아보기(2)

월 일

□ 안에 알맞게 써넣으시오. (1~5)

1 색칠한 부분은 전체를 똑같이 2 로 나눈 것 중의 1 이므로 $\frac{1}{2}$ 이라 쓰고, 2분의 1 이라고 읽습니다.

2 색칠한 부분은 전체를 똑같이 3 으로 나눈 것 중의 2 이므로 $\frac{2}{3}$ 라 쓰고, 3분의 2 라고 읽습니다.

3 색칠한 부분은 전체를 똑같이 4 로 나눈 것 중의 3 이므로 $\frac{3}{4}$ 이라 쓰고, 4분의 3 이라고 읽습니다.

4 색칠한 부분은 전체를 똑같이 6 으로 나눈 것 중의 5 이므로 $\frac{5}{6}$ 라 쓰고, 6분의 5 라고 읽습니다.

5 색칠한 부분은 전체를 똑같이 8 로 나눈 것 중의 4 이므로 $\frac{4}{8}$ 라 쓰고, 8분의 4 라고 읽습니다.

걸린 시간	1~8분	8~12분	12~16분
맞은 개수	18~20개	14~17개	1~13개
평가	참 잘했어요.	잘했어요.	좀더 노력해요.

전체에 대하여 색칠한 부분의 크기를 분수로 나타내시오. (6~14)

6 ($\frac{1}{4}$)

7 ($\frac{1}{2}$)

8 ($\frac{3}{4}$)

9 ($\frac{2}{3}$)

10 ($\frac{2}{4}$)

11 ($\frac{3}{5}$)

12 ($\frac{2}{8}$)

13 ($\frac{4}{5}$)

14 ($\frac{5}{8}$)

주어진 분수만큼 색칠하시오. (15~20)

15 $\frac{1}{3}$

16 $\frac{3}{4}$

17 $\frac{2}{5}$

18 $\frac{5}{6}$

19 $\frac{4}{7}$

20 $\frac{3}{8}$

1 분수 알아보기(3)

그림에 분수만큼 색칠하고 □ 안에 알맞은 수를 써넣으시오. (1~6)

1 $\frac{1}{3}$ $\frac{2}{3}$ $\frac{2}{3}$는 $\frac{1}{3}$이 **2** 개입니다.

2 $\frac{1}{4}$ $\frac{2}{4}$ $\frac{2}{4}$는 $\frac{1}{4}$이 **2** 개입니다.

3 $\frac{1}{8}$ $\frac{5}{8}$ $\frac{5}{8}$는 $\frac{1}{8}$이 **5** 개입니다.

4 $\frac{1}{5}$ $\frac{3}{5}$ $\frac{3}{5}$는 $\frac{1}{5}$이 **3** 개입니다.

5 $\frac{1}{7}$ $\frac{4}{7}$ $\frac{4}{7}$는 $\frac{1}{7}$이 **4** 개입니다.

6 $\frac{1}{6}$ $\frac{5}{6}$ $\frac{5}{6}$는 $\frac{1}{6}$이 **5** 개입니다.

계산은 빠르고 정확하게!

걸린 시간	1~8분	8~12분	12~16분
맞은 개수	18~20개	14~17개	1~13개
평가	참 잘했어요.	잘했어요.	좀더 노력해요.

□ 안에 알맞은 수를 써넣으시오. (7~20)

7 $\frac{2}{6}$는 $\frac{1}{6}$이 **2** 개입니다.

8 $\frac{3}{7}$은 $\frac{1}{7}$이 **3** 개입니다.

9 $\frac{4}{5}$는 $\frac{1}{5}$이 **4** 개입니다.

10 $\frac{7}{10}$은 $\frac{1}{10}$이 **7** 개입니다.

11 $\frac{5}{9}$는 $\frac{1}{9}$이 **5** 개입니다.

12 $\frac{6}{8}$은 $\frac{1}{8}$이 **6** 개입니다.

13 $\frac{2}{5}$는 $\frac{1}{5}$이 2개입니다.

14 $\frac{6}{11}$은 $\frac{1}{11}$이 6개입니다.

15 $\frac{3}{4}$은 $\frac{1}{4}$이 3개입니다.

16 $\frac{5}{6}$는 $\frac{1}{6}$이 5개입니다.

17 $\frac{4}{15}$는 $\frac{1}{15}$이 4개입니다.

18 $\frac{9}{12}$는 $\frac{1}{12}$이 9개입니다.

19 $\frac{13}{20}$은 $\frac{1}{20}$이 **13** 개입니다.

20 $\frac{7}{15}$은 $\frac{1}{15}$이 **7** 개입니다.

2 분수로 나타내기(1)

📌 부분은 전체의 얼마인지 분수로 나타내기

사탕 10개를 2개씩 묶어 보면 5묶음입니다.
사탕 2개는 사탕 10개를 똑같이 5묶음으로 나눈 것 중의 1묶음입니다.
2는 10의 $\frac{1}{5}$, 4는 10의 $\frac{2}{5}$, 6은 10의 $\frac{3}{5}$, 8은 10의 $\frac{4}{5}$입니다.

24를 3씩 묶고 □ 안에 알맞은 수를 써넣으시오. (1~5)

1 3은 24를 똑같이 **8** 묶음으로 나눈 것 중의 **1** 묶음입니다.
3은 24의 얼마입니까? ➡ $\frac{1}{8}$

2 6은 24를 똑같이 **8** 묶음으로 나눈 것 중의 **2** 묶음입니다.
6은 24의 얼마입니까? ➡ $\frac{2}{8}$

3 9는 24를 똑같이 **8** 묶음으로 나눈 것 중의 **3** 묶음입니다.
9는 24의 얼마입니까? ➡ $\frac{3}{8}$

4 15는 24를 똑같이 **8** 묶음으로 나눈 것 중의 **5** 묶음입니다.
15는 24의 얼마입니까? ➡ $\frac{5}{8}$

5 21은 24를 똑같이 **8** 묶음으로 나눈 것 중의 **7** 묶음입니다.
21은 24의 얼마입니까? ➡ $\frac{7}{8}$

계산은 빠르고 정확하게!

걸린 시간	1~6분	6~9분	9~12분
맞은 개수	11~12개	9~10개	1~8개
평가	참 잘했어요.	잘했어요.	좀더 노력해요.

배가 18개 있습니다. 2개씩 묶고 □ 안에 알맞은 수를 써넣으시오. (6~12)

6 배 2개는 18개를 **9** 묶음으로 나눈 것 중의 **1** 묶음입니다.
2는 18의 얼마입니까? ➡ $\frac{1}{9}$

7 배 4개는 18개를 **9** 묶음으로 나눈 것 중의 **2** 묶음입니다.
4는 18의 얼마입니까? ➡ $\frac{2}{9}$

8 배 6개는 18개를 **9** 묶음으로 나눈 것 중의 **3** 묶음입니다.
6은 18의 얼마입니까? ➡ $\frac{3}{9}$

9 배 8개는 18개를 **9** 묶음으로 나눈 것 중의 **4** 묶음입니다.
8은 18의 얼마입니까? ➡ $\frac{4}{9}$

10 배 10개는 18개를 **9** 묶음으로 나눈 것 중의 **5** 묶음입니다.
10은 18의 얼마입니까? ➡ $\frac{5}{9}$

11 배 14개는 18개를 **9** 묶음으로 나눈 것 중의 **7** 묶음입니다.
14는 18의 얼마입니까? ➡ $\frac{7}{9}$

12 배 16개는 18개를 **9** 묶음으로 나눈 것 중의 **8** 묶음입니다.
16은 18의 얼마입니까? ➡ $\frac{8}{9}$

2 분수로 나타내기(2)

학습 날짜 월 일

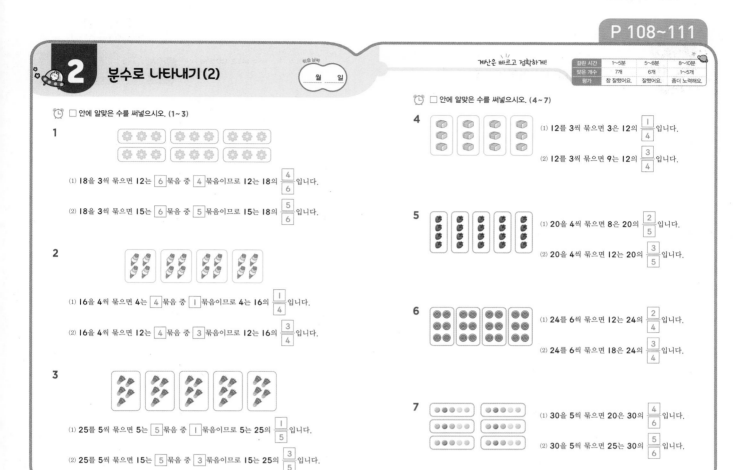

□ 안에 알맞은 수를 써넣으시오. (1~3)

1

(1) 18을 3씩 묶으면 12는 6 묶음 중 4 묶음이므로 12는 18의 4/6 입니다.

(2) 18을 3씩 묶으면 15는 6 묶음 중 5 묶음이므로 15는 18의 5/6 입니다.

2

(1) 16을 4씩 묶으면 4는 4 묶음 중 1 묶음이므로 4는 16의 1/4 입니다.

(2) 16을 4씩 묶으면 12는 4 묶음 중 3 묶음이므로 12는 16의 3/4 입니다.

3

(1) 25를 5씩 묶으면 5는 5 묶음 중 1 묶음이므로 5는 25의 1/5 입니다.

(2) 25를 5씩 묶으면 15는 5 묶음 중 3 묶음이므로 15는 25의 3/5 입니다.

□ 안에 알맞은 수를 써넣으시오. (4~7)

4

(1) 12를 3씩 묶으면 3은 12의 1/4 입니다.

(2) 12를 3씩 묶으면 9는 12의 3/4 입니다.

5

(1) 20을 4씩 묶으면 8은 20의 2/5 입니다.

(2) 20을 4씩 묶으면 12는 20의 3/5 입니다.

6

(1) 24를 6씩 묶으면 12는 24의 2/4 입니다.

(2) 24를 6씩 묶으면 18은 24의 3/4 입니다.

7

(1) 30을 5씩 묶으면 20은 30의 4/6 입니다.

(2) 30을 5씩 묶으면 25는 30의 5/6 입니다.

3 분수만큼은 얼마인지 알아보기(1)

학습 날짜 월 일

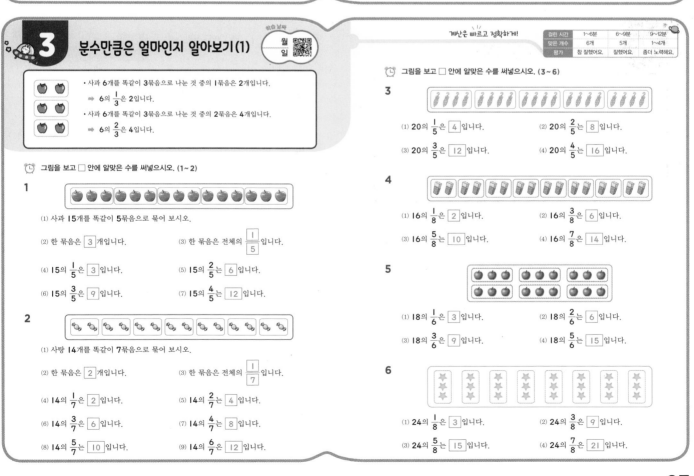

• 사과 6개를 똑같이 3묶음으로 나눈 것의 1묶음은 2개입니다.
  ➡ 6의 1/3은 2입니다.

• 사과 6개를 똑같이 3묶음으로 나눈 것의 2묶음은 4개입니다.
  ➡ 6의 2/3은 4입니다.

그림을 보고 □ 안에 알맞은 수를 써넣으시오. (1~2)

1

(1) 사과 15개를 똑같이 5묶음으로 묶어 보시오.

(2) 한 묶음은 3 개입니다.

(3) 한 묶음은 전체의 1/5 입니다.

(4) 15의 1/5은 3 입니다.

(5) 15의 2/5는 6 입니다.

(6) 15의 3/5은 9 입니다.

(7) 15의 4/5는 12 입니다.

2

(1) 사탕 14개를 똑같이 7묶음으로 묶어 보시오.

(2) 한 묶음은 2 개입니다.

(3) 한 묶음은 전체의 1/7 입니다.

(4) 14의 1/7은 2 입니다.

(5) 14의 2/7는 4 입니다.

(6) 14의 3/7은 6 입니다.

(7) 14의 4/7는 8 입니다.

(8) 14의 5/7는 10 입니다.

(9) 14의 6/7는 12 입니다.

그림을 보고 □ 안에 알맞은 수를 써넣으시오. (3~6)

3

(1) 20의 1/5은 4 입니다. (2) 20의 2/5는 8 입니다.

(3) 20의 3/5은 12 입니다. (4) 20의 4/5는 16 입니다.

4

(1) 16의 1/8은 2 입니다. (2) 16의 3/8은 6 입니다.

(3) 16의 5/8는 10 입니다. (4) 16의 7/8은 14 입니다.

5

(1) 18의 1/6은 3 입니다. (2) 18의 2/6는 6 입니다.

(3) 18의 3/6은 9 입니다. (4) 18의 5/6는 15 입니다.

6

(1) 24의 1/8은 3 입니다. (2) 24의 3/8은 9 입니다.

(3) 24의 5/8는 15 입니다. (4) 24의 7/8은 21 입니다.

3 분수만큼은 얼마인지 알아보기 (2)

 월 일

계산은 빠르고 정확하게!

걸린 시간	1~8분	8~12분	12~16분
맞은 개수	27~30개	21~26개	1~20개
평가	참 잘했어요.	잘했어요.	좀더 노력해요.

⏰ □ 안에 알맞은 수를 써넣으시오. (1~14)

1 8의 $\frac{1}{4}$은 8을 똑같이 4묶음으로 나눈 것 중의 1이므로 $\boxed{2}$ 입니다.

2 8의 $\frac{3}{4}$은 8을 똑같이 4묶음으로 나눈 것 중의 3이므로 $\boxed{6}$ 입니다.

3 15의 $\frac{1}{3}$은 $\boxed{5}$ 입니다.   4 18의 $\frac{1}{6}$은 $\boxed{3}$ 입니다.

5 64의 $\frac{1}{8}$은 $\boxed{8}$ 입니다.   6 36의 $\frac{1}{9}$은 $\boxed{4}$ 입니다.

7 14의 $\frac{1}{2}$은 $\boxed{7}$ 입니다.   8 42의 $\frac{1}{7}$은 $\boxed{6}$ 입니다.

9 18의 $\frac{2}{3}$는 $\boxed{12}$ 입니다.   10 20의 $\frac{3}{4}$은 $\boxed{15}$ 입니다.

11 25의 $\frac{3}{5}$은 $\boxed{15}$ 입니다.   12 36의 $\frac{3}{4}$은 $\boxed{27}$ 입니다.

13 30의 $\frac{2}{6}$는 $\boxed{10}$ 입니다.   14 32의 $\frac{5}{8}$은 $\boxed{20}$ 입니다.

⏰ □ 안에 알맞은 수를 써넣으시오. (15~30)

15 24의 $\frac{3}{4}$은 $\boxed{18}$ 입니다.   16 25의 $\frac{4}{5}$는 $\boxed{20}$ 입니다.

17 30의 $\frac{3}{5}$은 $\boxed{18}$ 입니다.   18 32의 $\frac{3}{8}$은 $\boxed{12}$ 입니다.

19 24의 $\frac{5}{6}$는 $\boxed{20}$ 입니다.   20 30의 $\frac{5}{6}$는 $\boxed{25}$ 입니다.

21 36의 $\frac{4}{9}$는 $\boxed{16}$ 입니다.   22 21의 $\frac{4}{7}$는 $\boxed{12}$ 입니다.

23 28의 $\frac{3}{4}$은 $\boxed{21}$ 입니다.   24 24의 $\frac{7}{8}$은 $\boxed{21}$ 입니다.

25 42의 $\frac{5}{6}$는 $\boxed{35}$ 입니다.   26 42의 $\frac{5}{7}$는 $\boxed{30}$ 입니다.

27 49의 $\frac{3}{7}$은 $\boxed{21}$ 입니다.   28 48의 $\frac{5}{8}$는 $\boxed{30}$ 입니다.

29 64의 $\frac{3}{8}$은 $\boxed{24}$ 입니다.   30 72의 $\frac{4}{9}$는 $\boxed{32}$ 입니다.

4 여러 가지 분수 알아보기 (1)

 월 일

계산은 빠르고 정확하게!

걸린 시간	1~6분	6~9분	9~12분
맞은 개수	19~21개	15~18개	1~14개
평가	참 잘했어요.	잘했어요.	좀더 노력해요.

📖 진분수, 가분수, 자연수, 대분수 알아보기

• 진분수: $\frac{1}{5}$, $\frac{2}{5}$, $\frac{3}{5}$과 같이 분자가 분모보다 작은 분수를 진분수라고 합니다.

• 가분수: $\frac{5}{5}$, $\frac{6}{5}$, $\frac{7}{5}$과 같이 분자가 분모와 같거나 분모보다 큰 분수를 가분수라고 합니다.

• 자연수: $\frac{5}{5}$는 1과 같습니다. 1, 2, 3과 같은 수를 자연수라고 합니다.

• 대분수: 1과 $\frac{1}{5}$을 1$\frac{1}{5}$이라 쓰고 1과 5분의 1이라고 읽습니다.

  1$\frac{1}{5}$과 같이 자연수와 진분수로 이루어진 분수를 대분수라고 합니다.

⏰ □ 안에 진분수는 '진', 가분수는 '가', 대분수는 '대'라고 써넣으시오. (1~12)

1 $\frac{8}{5}$ ➡ $\boxed{가}$ 2 $\frac{2}{9}$ ➡ $\boxed{진}$ 3 1$\frac{2}{5}$ ➡ $\boxed{대}$

4 $\frac{5}{6}$ ➡ $\boxed{진}$ 5 $\frac{9}{7}$ ➡ $\boxed{가}$ 6 3$\frac{4}{5}$ ➡ $\boxed{대}$

7 2$\frac{7}{12}$ ➡ $\boxed{대}$ 8 $\frac{8}{8}$ ➡ $\boxed{가}$ 9 $\frac{6}{7}$ ➡ $\boxed{진}$

10 8$\frac{3}{8}$ ➡ $\boxed{대}$ 11 $\frac{1}{4}$ ➡ $\boxed{진}$ 12 $\frac{14}{8}$ ➡ $\boxed{가}$

⏰ 진분수를 모두 찾아 쓰시오. (13~15)

13 $\frac{2}{3}$ $\frac{5}{4}$ $\frac{3}{3}$ $\frac{3}{5}$ $\frac{7}{6}$ $\frac{6}{8}$ ($\frac{2}{3}$, $\frac{3}{5}$, $\frac{6}{8}$)

14 $\frac{1}{3}$ $\frac{3}{4}$ $\frac{9}{6}$ $\frac{4}{4}$ $\frac{7}{9}$ $\frac{9}{8}$ ($\frac{1}{3}$, $\frac{3}{4}$, $\frac{7}{9}$)

15 $\frac{8}{8}$ $\frac{7}{8}$ $\frac{2}{5}$ $\frac{8}{7}$ $\frac{7}{4}$ $\frac{3}{8}$ ($\frac{7}{8}$, $\frac{2}{5}$, $\frac{3}{8}$)

⏰ 색칠한 부분을 진분수로 나타내시오. (16~21)

16      $\boxed{\frac{2}{3}}$

17    $\boxed{\frac{5}{6}}$

18    $\boxed{\frac{5}{8}}$

19    $\boxed{\frac{3}{4}}$

20      $\boxed{\frac{7}{8}}$

21    $\boxed{\frac{3}{6}}$

4 여러 가지 분수 알아보기(2)

월 일

계산은 빠르고 정확하게!

걸린 시간	1~6분	6~9분	9~12분
맞은 개수	11~12개	9~10개	1~8개
평가	참 잘했어요.	잘했어요.	좀더 노력해요.

가분수를 모두 찾아 쓰시오. (1~3)

1 $\dfrac{8}{5}$ $\dfrac{5}{9}$ $\dfrac{4}{3}$ $\dfrac{4}{8}$ $\dfrac{8}{10}$ $\dfrac{9}{5}$ ($\dfrac{8}{5}, \dfrac{4}{3}, \dfrac{9}{5}$)

2 $\dfrac{4}{7}$ $\dfrac{9}{9}$ $\dfrac{7}{9}$ $\dfrac{10}{10}$ $\dfrac{9}{4}$ $\dfrac{6}{8}$ ($\dfrac{9}{9}, \dfrac{10}{10}, \dfrac{9}{4}$)

3 $\dfrac{7}{9}$ $\dfrac{2}{7}$ $\dfrac{8}{4}$ $\dfrac{9}{7}$ $\dfrac{8}{8}$ $\dfrac{4}{5}$ ($\dfrac{8}{4}, \dfrac{9}{7}, \dfrac{8}{8}$)

색칠한 부분을 가분수로 나타내시오. (4~6)

4 $\dfrac{7}{2}$

5 $\dfrac{21}{8}$

6 $\dfrac{11}{3}$

대분수를 모두 찾아 쓰시오. (7~9)

7 $3\dfrac{3}{4}$ $\dfrac{3}{4}$ $\dfrac{3}{8}$ $2\dfrac{3}{7}$ $3\dfrac{1}{2}$ $\dfrac{8}{9}$ ($3\dfrac{3}{4}, 2\dfrac{3}{7}, 3\dfrac{1}{2}$)

8 $\dfrac{9}{4}$ $\dfrac{8}{5}$ $2\dfrac{2}{5}$ $\dfrac{7}{8}$ $3\dfrac{2}{3}$ $\dfrac{8}{7}$ ($2\dfrac{2}{5}, 3\dfrac{2}{3}$)

9 $3\dfrac{2}{6}$ $\dfrac{8}{2}$ $5\dfrac{2}{3}$ $6\dfrac{4}{5}$ $\dfrac{10}{9}$ $\dfrac{5}{7}$ ($3\dfrac{2}{6}, 5\dfrac{2}{3}, 6\dfrac{4}{5}$)

색칠한 부분을 대분수로 나타내시오. (10~12)

10 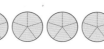 $3\dfrac{2}{3}$

11 $3\dfrac{3}{4}$

12 $4\dfrac{2}{5}$

---

4 여러 가지 분수 알아보기(3)

월 일

계산은 빠르고 정확하게!

걸린 시간	1~12분	12~18분	18~24분
맞은 개수	11~12개	9~10개	1~8개
평가	참 잘했어요.	잘했어요.	좀더 노력해요.

다음의 숫자 카드 중 2장을 사용하여 만들 수 있는 진분수를 모두 쓰고, □ 안에 알맞은 수를 써넣으시오. (1~4)

1 [2] [3] [5] ➡ ($\dfrac{2}{3}, \dfrac{2}{5}, \dfrac{3}{5}$) ➡ 3 개

2 [3] [5] [7] ➡ ($\dfrac{3}{5}, \dfrac{3}{7}, \dfrac{5}{7}$) ➡ 3 개

3 [1] [3] [5] [7] ➡ ($\dfrac{1}{3}, \dfrac{1}{5}, \dfrac{3}{5}, \dfrac{1}{7}, \dfrac{3}{7}, \dfrac{5}{7}$) ➡ 6 개

4 [2] [5] [7] [9] ➡ ($\dfrac{2}{5}, \dfrac{2}{7}, \dfrac{5}{7}, \dfrac{2}{9}, \dfrac{5}{9}, \dfrac{7}{9}$) ➡ 6 개

다음의 숫자 카드를 사용하여 만들 수 있는 진분수를 모두 쓰고, □ 안에 알맞은 수를 써넣으시오. (5~6)

5 [1] [4] [6] ➡ ($\dfrac{1}{4}, \dfrac{1}{6}, \dfrac{4}{6}, \dfrac{4}{14}, \dfrac{4}{16}, \dfrac{6}{41}, \dfrac{1}{46}, \dfrac{6}{61}, \dfrac{1}{64}$) ➡ 9 개

6 [2] [5] [8] ➡ ($\dfrac{2}{5}, \dfrac{2}{8}, \dfrac{5}{8}, \dfrac{8}{25}, \dfrac{5}{28}, \dfrac{8}{52}, \dfrac{2}{58}, \dfrac{5}{82}, \dfrac{2}{85}$) ➡ 9 개

다음의 숫자 카드 중 2장을 사용하여 만들 수 있는 가분수를 모두 쓰고, □ 안에 알맞은 수를 써넣으시오. (7~10)

7 [3] [6] [8] ➡ ($\dfrac{6}{3}, \dfrac{8}{3}, \dfrac{8}{6}$) ➡ 3 개

8 [2] [5] [7] ➡ ($\dfrac{5}{2}, \dfrac{7}{2}, \dfrac{7}{5}$) ➡ 3 개

9 [2] [4] [6] [8] ➡ ($\dfrac{4}{2}, \dfrac{6}{2}, \dfrac{8}{2}, \dfrac{6}{4}, \dfrac{8}{4}, \dfrac{8}{6}$) ➡ 6 개

10 [3] [5] [7] [9] ➡ ($\dfrac{5}{3}, \dfrac{7}{3}, \dfrac{9}{3}, \dfrac{7}{5}, \dfrac{9}{5}, \dfrac{9}{7}$) ➡ 6 개

다음의 숫자 카드를 사용하여 만들 수 있는 가분수를 모두 쓰고, □ 안에 알맞은 수를 써넣으시오. (11~12)

11 [2] [4] [9] ➡ ($\dfrac{4}{2}, \dfrac{9}{2}, \dfrac{9}{4}, \dfrac{24}{9}, \dfrac{29}{4}, \dfrac{42}{9}, \dfrac{49}{2}, \dfrac{92}{4}, \dfrac{94}{2}$) ➡ 9 개

12 [3] [5] [7] ➡ ($\dfrac{5}{3}, \dfrac{7}{3}, \dfrac{7}{5}, \dfrac{35}{7}, \dfrac{37}{5}, \dfrac{53}{7}, \dfrac{57}{3}, \dfrac{73}{5}, \dfrac{75}{3}$) ➡ 9 개

4 여러 가지 분수 알아보기(4)

월 일

계산은 빠르고 정확하게!

걸린 시간	1~12분	12~18분	18~24분
맞은 개수	10~11개	8~9개	1~7개
평가	참 잘했어요.	잘했어요.	좀더 노력해요.

다음의 숫자 카드 3장을 사용하여 만들 수 있는 대분수를 모두 쓰고, □ 안에 알맞은 수를 써 넣으시오. (1~6)

1 [2] [3] [5] ➡ ($2\frac{3}{5}$, $3\frac{2}{5}$, $5\frac{2}{3}$) ➡ 3 개

2 [3] [5] [7] ➡ ($3\frac{5}{7}$, $5\frac{3}{7}$, $7\frac{3}{5}$) ➡ 3 개

3 [1] [4] [6] ➡ ($1\frac{4}{6}$, $4\frac{1}{6}$, $6\frac{1}{4}$) ➡ 3 개

4 [2] [5] [8] ➡ ($2\frac{5}{8}$, $5\frac{2}{8}$, $8\frac{2}{5}$) ➡ 3 개

5 [3] [6] [8] ➡ ($3\frac{6}{8}$, $6\frac{3}{8}$, $8\frac{3}{6}$) ➡ 3 개

6 [7] [2] [9] ➡ ($2\frac{7}{9}$, $7\frac{2}{9}$, $9\frac{2}{7}$) ➡ 3 개

다음의 숫자 카드 중 3장을 사용하여 만들 수 있는 대분수를 모두 쓰고, □ 안에 알맞은 수를 써넣으시오. (7~11)

7 [1] [2] [3] [4] ➡ ($1\frac{2}{3}$, $1\frac{2}{4}$, $1\frac{3}{4}$, $2\frac{1}{3}$, $2\frac{1}{4}$, $2\frac{3}{4}$, $3\frac{1}{2}$, $3\frac{1}{4}$, $3\frac{2}{4}$, $4\frac{1}{2}$, $4\frac{1}{3}$, $4\frac{2}{3}$) ➡ 12 개

8 [2] [3] [5] [7] ➡ ($2\frac{3}{5}$, $2\frac{3}{7}$, $2\frac{5}{7}$, $3\frac{2}{5}$, $3\frac{2}{7}$, $3\frac{5}{7}$, $5\frac{2}{3}$, $5\frac{2}{7}$, $5\frac{3}{7}$, $7\frac{2}{3}$, $7\frac{2}{5}$, $7\frac{3}{5}$) ➡ 12 개

9 [2] [4] [6] [8] ➡ ($2\frac{4}{6}$, $2\frac{4}{8}$, $2\frac{6}{8}$, $4\frac{2}{6}$, $4\frac{2}{8}$, $4\frac{6}{8}$, $6\frac{2}{4}$, $6\frac{2}{8}$, $6\frac{4}{8}$, $8\frac{2}{4}$, $8\frac{2}{6}$, $8\frac{4}{6}$) ➡ 12 개

10 [3] [3] [5] [9] ➡ ($3\frac{3}{5}$, $3\frac{3}{9}$, $3\frac{5}{9}$, $5\frac{3}{9}$, $9\frac{3}{5}$) ➡ 5 개

11 [2] [5] [5] [8] ➡ ($2\frac{5}{8}$, $5\frac{2}{5}$, $5\frac{2}{8}$, $5\frac{5}{8}$, $8\frac{2}{5}$) ➡ 5 개

5 대분수를 가분수로, 가분수를 대분수로 나타내기(1)

월 일

계산은 빠르고 정확하게!

걸린 시간	1~8분	8~12분	12~16분
맞은 개수	20~22개	16~19개	1~15개
평가	참 잘했어요.	잘했어요.	좀더 노력해요.

대분수를 가분수로 나타내기

방법① 자연수를 가분수로 나타내고 가분수와 진분수에서 분자의 합을 알아봅니다.

방법② 대분수의 자연수 부분과 분모의 곱에 분수 부분의 분자를 더해 가분수의 분자를 구합니다.

$$1\frac{3}{4}=1+\frac{3}{4}=\frac{4}{4}+\frac{3}{4}=\frac{7}{4} \qquad 1\frac{3}{4}=\frac{1\times4+3}{4}=\frac{7}{4}$$

가분수를 대분수로 나타내기

방법① 가분수를 자연수와 진분수의 합으로 나타낸 후 대분수로 나타냅니다.

방법② 분자를 분모로 나눈 후 몫은 자연수 부분으로 나머지는 분자로 나타냅니다.

$$\frac{13}{5}=\frac{10}{5}+\frac{3}{5}=2+\frac{3}{5}=2\frac{3}{5} \qquad \frac{13}{5} \implies 13\div5=2\cdots3 \implies 2\frac{3}{5}$$

□ 안에 알맞은 수를 써넣으시오. (1~8)

1 $1\frac{3}{5}=1+\frac{3}{5}=\frac{5}{5}+\frac{3}{5}$
$=\frac{8}{5}$

2 $2\frac{5}{6}=2+\frac{5}{6}=\frac{12}{6}+\frac{5}{6}$
$=\frac{17}{6}$

3 $3\frac{2}{4}=3+\frac{2}{4}=\frac{12}{4}+\frac{2}{4}$
$=\frac{14}{4}$

4 $2\frac{4}{7}=2+\frac{4}{7}=\frac{14}{7}+\frac{4}{7}$
$=\frac{18}{7}$

5 $4\frac{2}{5}=4+\frac{2}{5}=\frac{20}{5}+\frac{2}{5}$
$=\frac{22}{5}$

6 $5\frac{2}{3}=5+\frac{2}{3}=\frac{15}{3}+\frac{2}{3}$
$=\frac{17}{3}$

7 $3\frac{5}{7}=3+\frac{5}{7}=\frac{21}{7}+\frac{5}{7}$
$=\frac{26}{7}$

8 $4\frac{4}{6}=4+\frac{4}{6}=\frac{24}{6}+\frac{4}{6}$
$=\frac{28}{6}$

□ 안에 알맞은 수를 써넣으시오. (9~22)

9 $4\frac{5}{6}=\frac{4\times6+5}{6}=\frac{29}{6}$

10 $5\frac{3}{8}=\frac{5\times8+3}{8}=\frac{43}{8}$

11 $6\frac{3}{4}=\frac{6\times4+3}{4}=\frac{27}{4}$

12 $7\frac{2}{5}=\frac{7\times5+2}{5}=\frac{37}{5}$

13 $3\frac{2}{7}=\frac{3\times7+2}{7}=\frac{23}{7}$

14 $4\frac{7}{8}=\frac{4\times8+7}{8}=\frac{39}{8}$

15 $5\frac{2}{9}=\frac{5\times9+2}{9}=\frac{47}{9}$

16 $6\frac{5}{6}=\frac{6\times6+5}{6}=\frac{41}{6}$

17 $7\frac{2}{7}=\frac{7\times7+2}{7}=\frac{51}{7}$

18 $9\frac{3}{5}=\frac{9\times5+3}{5}=\frac{48}{5}$

19 $8\frac{3}{8}=\frac{8\times8+3}{8}=\frac{67}{8}$

20 $7\frac{4}{9}=\frac{7\times9+4}{9}=\frac{67}{9}$

21 $5\frac{3}{9}=\frac{5\times9+3}{9}=\frac{48}{9}$

22 $9\frac{4}{7}=\frac{9\times7+4}{7}=\frac{67}{7}$

5 대분수를 가분수로, 가분수를 대분수로 나타내기 (2)

월 일

계산은 빠르고 정확하게!

걸린 시간	1~10분	10~15분	15~20분
맞은 개수	26~28개	20~25개	1~19개
평가	참 잘했어요	잘했어요	좀더 노력해요

□ 안에 알맞은 수를 써넣으시오. (1~14)

1. $\frac{3}{2} = \frac{2}{2} + \frac{1}{2} = 1 + \frac{1}{2} = 1\frac{1}{2}$

2. $\frac{4}{3} = \frac{3}{3} + \frac{1}{3} = 1 + \frac{1}{3} = 1\frac{1}{3}$

3. $\frac{7}{4} = \frac{4}{4} + \frac{3}{4} = 1 + \frac{3}{4} = 1\frac{3}{4}$

4. $\frac{8}{3} = \frac{6}{3} + \frac{2}{3} = 2 + \frac{2}{3} = 2\frac{2}{3}$

5. $\frac{13}{3} = \frac{12}{3} + \frac{1}{3} = 4 + \frac{1}{3} = 4\frac{1}{3}$

6. $\frac{13}{4} = \frac{12}{4} + \frac{1}{4} = 3 + \frac{1}{4} = 3\frac{1}{4}$

7. $\frac{14}{6} = \frac{12}{6} + \frac{2}{6} = 2 + \frac{2}{6}$
$= 2\frac{2}{6}$

8. $\frac{17}{5} = \frac{15}{5} + \frac{2}{5} = 3 + \frac{2}{5}$
$= 3\frac{2}{5}$

9. $\frac{17}{4} = \frac{16}{4} + \frac{1}{4} = 4 + \frac{1}{4}$
$= 4\frac{1}{4}$

10. $\frac{19}{6} = \frac{18}{6} + \frac{1}{6} = 3 + \frac{1}{6}$
$= 3\frac{1}{6}$

11. $\frac{25}{3} = \frac{24}{3} + \frac{1}{3} = 8 + \frac{1}{3}$
$= 8\frac{1}{3}$

12. $\frac{38}{7} = \frac{35}{7} + \frac{3}{7} = 5 + \frac{3}{7}$
$= 5\frac{3}{7}$

13. $\frac{20}{8} = \frac{16}{8} + \frac{4}{8} = 2 + \frac{4}{8}$
$= 2\frac{4}{8}$

14. $\frac{40}{9} = \frac{36}{9} + \frac{4}{9} = 4 + \frac{4}{9}$
$= 4\frac{4}{9}$

□ 안에 알맞은 수를 써넣으시오. (15~28)

15. $\frac{17}{5} \Rightarrow 17 \div 5 = 3 \cdots 2$
$\Rightarrow 3\frac{2}{5}$

16. $\frac{25}{6} \Rightarrow 25 \div 6 = 4 \cdots 1$
$\Rightarrow 4\frac{1}{6}$

17. $\frac{30}{7} \Rightarrow 30 \div 7 = 4 \cdots 2$
$\Rightarrow 4\frac{2}{7}$

18. $\frac{35}{8} \Rightarrow 35 \div 8 = 4 \cdots 3$
$\Rightarrow 4\frac{3}{8}$

19. $\frac{27}{4} \Rightarrow 27 \div 4 = 6 \cdots 3$
$\Rightarrow 6\frac{3}{4}$

20. $\frac{29}{3} \Rightarrow 29 \div 3 = 9 \cdots 2$
$\Rightarrow 9\frac{2}{3}$

21. $\frac{33}{5} \Rightarrow 33 \div 5 = 6 \cdots 3$
$\Rightarrow 6\frac{3}{5}$

22. $\frac{32}{6} \Rightarrow 32 \div 6 = 5 \cdots 2$
$\Rightarrow 5\frac{2}{6}$

23. $\frac{45}{7} \Rightarrow 45 \div 7 = 6 \cdots 3$
$\Rightarrow 6\frac{3}{7}$

24. $\frac{46}{8} \Rightarrow 46 \div 8 = 5 \cdots 6$
$\Rightarrow 5\frac{6}{8}$

25. $\frac{37}{9} \Rightarrow 37 \div 9 = 4 \cdots 1$
$\Rightarrow 4\frac{1}{9}$

26. $\frac{37}{4} \Rightarrow 37 \div 4 = 9 \cdots 1$
$\Rightarrow 9\frac{1}{4}$

27. $\frac{52}{6} \Rightarrow 52 \div 6 = 8 \cdots 4$
$\Rightarrow 8\frac{4}{6}$

28. $\frac{60}{7} \Rightarrow 60 \div 7 = 8 \cdots 4$
$\Rightarrow 8\frac{4}{7}$

6 분수의 크기 비교하기 (1)

월 일

- 분모가 같은 분수는 분자가 큰 분수가 더 큽니다.
  ⇒ 3>2이므로 $\frac{3}{4}>\frac{2}{4}$입니다.
- 분수 중에서 $\frac{1}{2}$, $\frac{1}{3}$, $\frac{1}{4}$, …과 같이 분자가 1인 분수를 단위분수라고 합니다.
- 분자가 1인 단위분수는 분모가 작은 분수가 더 큽니다.
  ⇒ 3>2이므로 $\frac{1}{3}<\frac{1}{2}$입니다.
- 분모가 같은 대분수의 크기는 자연수 부분이 클수록 크고, 자연수 부분이 같으면 분자가 클수록 큰 분수입니다. $3\frac{5}{8}>2\frac{7}{8}$, $3\frac{5}{7}<3\frac{6}{7}$
- 가분수와 대분수의 크기 비교는 가분수를 대분수로 고치거나 대분수를 가분수로 고친 후 비교합니다.

계산은 빠르고 정확하게!

걸린 시간	1~5분	5~8분	8~10분
맞은 개수	15~16개	12~14개	1~11개
평가	참 잘했어요	잘했어요	좀더 노력해요

색칠한 부분이 나타내는 분수를 쓰고 크기를 비교하여 ○ 안에 >, =, <를 알맞게 써넣으시오. (1~6)

1.
$\frac{1}{4} < \frac{2}{4}$

2.
$\frac{2}{4} < \frac{3}{4}$

3.
$\frac{4}{5} > \frac{3}{5}$

4.
$\frac{2}{6} < \frac{3}{6}$

5.
$\frac{6}{8} > \frac{5}{8}$

6.
$\frac{4}{6} < \frac{5}{6}$

그림에 분수만큼 색칠하고 ○ 안에 >, <를 알맞게 써넣으시오. (7~10)

7. $\frac{1}{4}$ $\frac{2}{4}$ ⇒ $\frac{1}{4} < \frac{2}{4}$

8. $\frac{4}{6}$ $\frac{3}{6}$ ⇒ $\frac{4}{6} > \frac{3}{6}$

9. $\frac{5}{8}$ $\frac{7}{8}$ ⇒ $\frac{5}{8} < \frac{7}{8}$

10. $\frac{5}{12}$ $\frac{7}{12}$ ⇒ $\frac{5}{12} < \frac{7}{12}$

○ 안에 >, <를 알맞게 써넣으시오. (11~16)

11. $\frac{4}{5} > \frac{3}{5}$

12. $\frac{3}{6} > \frac{2}{6}$

13. $\frac{2}{7} < \frac{5}{7}$

14. $\frac{5}{8} > \frac{3}{8}$

15. $\frac{5}{9} < \frac{7}{9}$

16. $\frac{4}{5} > \frac{2}{5}$

6 분수의 크기 비교하기 (2)

월 일

색칠한 부분이 나타내는 분수를 쓰고 크기를 비교하여 ○ 안에 >, =, <를 알맞게 써넣으시오. (1~8)

1 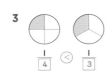 $\frac{1}{2}$ ⊃ $\frac{1}{3}$

2 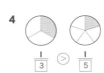 $\frac{1}{4}$ ⊂ $\frac{1}{2}$

3 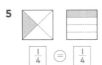 $\frac{1}{4}$ ⊂ $\frac{1}{3}$

4 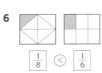 $\frac{1}{3}$ ⊃ $\frac{1}{5}$

5 $\frac{1}{4}$ = $\frac{1}{4}$

6  $\frac{1}{8}$ ⊂ $\frac{1}{6}$

7 $\frac{1}{4}$ ⊃ $\frac{1}{6}$

8 $\frac{1}{3}$ ⊃ $\frac{1}{6}$

계산은 빠르고 정확하게!

걸린 시간	1~5분	5~6분	8~10분
맞은 개수	18~19개	14~17개	1~13개
평가	참 잘했어요	잘했어요	좀더 노력해요

그림에 분수만큼 색칠하고 ○ 안에 >, <를 알맞게 써넣으시오. (9~11)

9 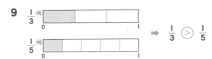 ➡ $\frac{1}{3}$ ⊃ $\frac{1}{5}$

10 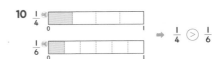 ➡ $\frac{1}{4}$ ⊃ $\frac{1}{6}$

11  ➡ $\frac{1}{8}$ ⊂ $\frac{1}{4}$

○ 안에 >, <를 알맞게 써넣으시오. (12~19)

12 $\frac{1}{5}$ ⊃ $\frac{1}{6}$ 13 $\frac{1}{5}$ ⊂ $\frac{1}{4}$

14 $\frac{1}{7}$ ⊂ $\frac{1}{4}$ 15 $\frac{1}{3}$ ⊃ $\frac{1}{7}$

16 $\frac{1}{8}$ ⊂ $\frac{1}{6}$ 17 $\frac{1}{2}$ ⊃ $\frac{1}{7}$

18 $\frac{1}{10}$ ⊃ $\frac{1}{12}$ 19 $\frac{1}{15}$ ⊂ $\frac{1}{12}$

6 분수의 크기 비교하기 (3)

월 일

분수의 크기를 비교하여 ○ 안에 >, =, <를 알맞게 써넣으시오. (1~16)

1 $2\frac{3}{4}$ ⊂ $3\frac{1}{4}$ 2 $3\frac{2}{5}$ ⊂ $5\frac{1}{5}$

3 $4\frac{1}{6}$ ⊃ $3\frac{5}{6}$ 4 $6\frac{2}{7}$ ⊃ $4\frac{6}{7}$

5 $5\frac{2}{5}$ ⊂ $5\frac{4}{5}$ 6 $3\frac{7}{8}$ ⊃ $3\frac{3}{8}$

7 $6\frac{4}{7}$ ⊃ $6\frac{2}{7}$ 8 $7\frac{3}{8}$ ⊂ $7\frac{5}{8}$

9 $\frac{17}{3}$ = $5\frac{2}{3}$ 10 $\frac{21}{4}$ ⊃ $4\frac{3}{4}$

11 $6\frac{4}{5}$ ⊃ $\frac{29}{5}$ 12 $7\frac{5}{6}$ ⊂ $\frac{50}{6}$

13 $\frac{50}{4}$ ⊃ $9\frac{3}{4}$ 14 $\frac{45}{7}$ ⊃ $5\frac{6}{7}$

15 $8\frac{5}{6}$ ⊃ $\frac{49}{6}$ 16 $9\frac{5}{8}$ = $\frac{77}{8}$

계산은 빠르고 정확하게!

걸린 시간	1~6분	6~9분	9~12분
맞은 개수	20~22개	16~19개	1~15개
평가	참 잘했어요	잘했어요	좀더 노력해요

분수의 크기를 비교하여 가장 큰 분수부터 차례로 쓰시오. (17~22)

17 $5\frac{1}{5}$ $3\frac{2}{5}$ $4\frac{4}{5}$ ➡ ($5\frac{1}{5}$, $4\frac{4}{5}$, $3\frac{2}{5}$)

18 $4\frac{1}{12}$ $4\frac{11}{12}$ $5\frac{5}{12}$ ➡ ($5\frac{5}{12}$, $4\frac{11}{12}$, $4\frac{1}{12}$)

19 $3\frac{3}{8}$ $\frac{25}{8}$ $\frac{28}{8}$ ➡ ($\frac{28}{8}$, $3\frac{3}{8}$, $\frac{25}{8}$)

20 $\frac{23}{7}$ $2\frac{5}{7}$ $\frac{20}{7}$ ➡ ($\frac{23}{7}$, $\frac{20}{7}$, $2\frac{5}{7}$)

21 $3\frac{4}{5}$ $\frac{17}{5}$ $4\frac{1}{5}$ ➡ ($4\frac{1}{5}$, $3\frac{4}{5}$, $\frac{17}{5}$)

22 $4\frac{8}{9}$ $\frac{40}{9}$ $5\frac{1}{9}$ ➡ ($5\frac{1}{9}$, $4\frac{8}{9}$, $\frac{40}{9}$)

7 신기한 연산

계산은 빠르고 정확하게!

걸린 시간	1~12분	12~18분	18~24분
맞은 개수	11~12개	9~10개	1~8개
평가	참 잘했어요.	잘했어요.	좀더 노력해요.

주어진 5장의 숫자 카드 중 2장을 사용하여 만들 수 있는 3보다 큰 가분수를 모두 쓰고 □ 안에 알맞은 수를 써넣으시오. (1~3)

1 [2] [4] [7] [9] [14] ➡ ($\frac{7}{2}$, $\frac{9}{2}$, $\frac{14}{2}$, $\frac{14}{4}$) ➡ [4] 개

2 [2] [5] [8] [12] [18] ➡ ($\frac{8}{2}$, $\frac{12}{2}$, $\frac{18}{2}$, $\frac{18}{5}$) ➡ [4] 개

3 [3] [4] [8] [10] [15] ➡ ($\frac{10}{3}$, $\frac{15}{3}$, $\frac{15}{4}$) ➡ [3] 개

주어진 5장의 숫자 카드 중 3장을 사용하여 만들 수 있는 6보다 큰 대분수를 모두 쓰고, □ 안에 알맞은 수를 써넣으시오. (4~6)

4 [2] [3] [4] [5] [7] ➡ ($7\frac{2}{3}$, $7\frac{2}{4}$, $7\frac{3}{4}$, $7\frac{2}{5}$, $7\frac{3}{5}$, $7\frac{4}{5}$) ➡ [6] 개

5 [1] [2] [4] [5] [6] ➡ ($6\frac{1}{2}$, $6\frac{1}{4}$, $6\frac{2}{4}$, $6\frac{1}{5}$, $6\frac{2}{5}$, $6\frac{4}{5}$) ➡ [6] 개

6 [1] [2] [3] [6] [7] ➡ ($6\frac{1}{2}$, $6\frac{1}{3}$, $6\frac{2}{3}$, $6\frac{1}{7}$, $6\frac{2}{7}$, $6\frac{3}{7}$, $7\frac{1}{2}$, $7\frac{1}{3}$, $7\frac{2}{3}$, $7\frac{1}{6}$, $7\frac{2}{6}$, $7\frac{3}{6}$) ➡ [12] 개

☆에 들어갈 수 있는 수를 모두 구하시오. (7~12)

7 $\frac{14}{6} < ☆\frac{3}{6} < \frac{37}{6}$ (2, 3, 4, 5)

8 $\frac{15}{7} < ☆\frac{6}{7} < \frac{45}{7}$ (2, 3, 4, 5)

9 $\frac{30}{8} < ☆\frac{5}{8} < \frac{60}{8}$ (4, 5, 6)

10 $\frac{12}{3} < ☆\frac{2}{3} < \frac{31}{3}$ (4, 5, 6, 7, 8, 9)

11 $\frac{13}{6} < ☆\frac{5}{6} < \frac{72}{6}$ (2, 3, 4, 5, 6, 7, 8, 9, 10, 11)

12 $\frac{20}{9} < ☆\frac{4}{9} < \frac{89}{9}$ (2, 3, 4, 5, 6, 7, 8, 9)

확인 평가

걸린 시간	1~15분	15~20분	20~25분
맞은 개수	30~33개	24~29개	1~23개
평가	참 잘했어요.	잘했어요.	좀더 노력해요.

□ 안에 알맞은 수를 써넣으시오. (1~12)

1 9를 3씩 묶으면 6은 9의 $\frac{2}{3}$ 입니다.

2 20을 5씩 묶으면 15는 20의 $\frac{3}{4}$ 입니다.

3 24를 6씩 묶으면 18은 24의 $\frac{3}{4}$ 입니다.

4 42를 7씩 묶으면 14는 42의 $\frac{2}{6}$ 입니다.

5 21의 $\frac{2}{3}$ 는 [14] 입니다. **6** 18의 $\frac{5}{6}$ 는 [15] 입니다.

7 32의 $\frac{5}{8}$ 는 [20] 입니다. **8** 36의 $\frac{4}{9}$ 는 [16] 입니다.

9 28의 $\frac{3}{7}$ 은 [12] 입니다. **10** 30의 $\frac{5}{6}$ 는 [25] 입니다.

11 25의 $\frac{4}{5}$ 는 [20] 입니다. **12** 45의 $\frac{7}{9}$ 은 [35] 입니다.

□ 안에 알맞은 수를 써넣으시오. (13~15)

13 $\frac{1}{3}$ $\frac{7}{4}$ $\frac{3}{5}$ $2\frac{1}{4}$ $\frac{5}{6}$ $3\frac{3}{4}$ 진분수: [3] 개, 가분수: [1] 개, 대분수: [2] 개

14 $\frac{3}{4}$ $\frac{4}{4}$ $\frac{5}{4}$ $4\frac{1}{4}$ $2\frac{3}{8}$ $\frac{7}{8}$ 진분수: [2] 개, 가분수: [2] 개, 대분수: [2] 개

15 $\frac{4}{5}$ $\frac{9}{5}$ $\frac{10}{5}$ $2\frac{3}{5}$ $\frac{4}{6}$ $\frac{15}{5}$ 진분수: [1] 개, 가분수: [3] 개, 대분수: [2] 개

다음의 숫자 카드를 모두 사용하여 만들 수 있는 진분수, 가분수, 대분수를 모두 쓰고 □ 안에 알맞은 수를 써넣으시오. (16~17)

16 [2] [5] [7]
진분수: ($\frac{7}{25}$, $\frac{5}{27}$, $\frac{7}{52}$, $\frac{2}{57}$, $\frac{5}{72}$, $\frac{2}{75}$) ➡ [6] 개
가분수: ($\frac{25}{7}$, $\frac{27}{5}$, $\frac{52}{7}$, $\frac{57}{2}$, $\frac{72}{5}$, $\frac{75}{2}$) ➡ [6] 개
대분수: ($2\frac{5}{7}$, $5\frac{2}{7}$, $7\frac{2}{5}$) ➡ [3] 개

17 [3] [6] [9]
진분수: ($\frac{9}{36}$, $\frac{6}{39}$, $\frac{9}{63}$, $\frac{3}{69}$, $\frac{6}{93}$, $\frac{3}{96}$) ➡ [6] 개
가분수: ($\frac{36}{9}$, $\frac{39}{6}$, $\frac{63}{9}$, $\frac{69}{3}$, $\frac{93}{6}$, $\frac{96}{3}$) ➡ [6] 개
대분수: ($3\frac{6}{9}$, $6\frac{3}{9}$, $9\frac{3}{6}$) ➡ [3] 개

확인 평가

크라운을 도전하세요!

가분수는 대분수로, 대분수는 가분수로 고치시오. (18~25)

18 $\frac{9}{4}$ ➡ ($2\frac{1}{4}$)　19 $\frac{21}{5}$ ➡ ($4\frac{1}{5}$)

20 $\frac{23}{6}$ ➡ ($3\frac{5}{6}$)　21 $\frac{45}{8}$ ➡ ($5\frac{5}{8}$)

22 $3\frac{2}{5}$ ➡ ($\frac{17}{5}$)　23 $4\frac{5}{7}$ ➡ ($\frac{33}{7}$)

24 $7\frac{1}{6}$ ➡ ($\frac{43}{6}$)　25 $8\frac{3}{8}$ ➡ ($\frac{67}{8}$)

○ 안에 >, =, <를 알맞게 써넣으시오. (26~33)

26 $\frac{4}{5}$ ⊃ $\frac{3}{5}$　27 $\frac{1}{4}$ ⊃ $\frac{1}{6}$

28 $\frac{3}{4}$ ⊂ $\frac{5}{4}$　29 $\frac{5}{7}$ ⊂ $1\frac{2}{7}$

30 $\frac{12}{7}$ = $1\frac{5}{7}$　31 $4\frac{3}{5}$ ⊂ $5\frac{1}{5}$

32 $\frac{23}{6}$ ⊃ $2\frac{5}{6}$　33 $4\frac{3}{8}$ ⊃ $\frac{30}{8}$

 크라운 온라인 평가 응시 방법

에듀왕닷컴 접속 www.eduwang.com

⊻

메인 상단 메뉴에서 단원평가 클릭

⊻

단계 및 단원 선택

⊻

온라인 단원평가 실시(30분 동안 평가 실시)

⊻

크라운 확인

각 단원평가를 통해 100점을 받으시면 크라운 1개를 드리며, 획득하신 크라운으로 에듀왕 닷컴에서 판매하고 있는 교재 및 서비스를 무료로 구매하실 수 있습니다.

(크라운 1개 - 1000원)

1 들이의 단위 알아보기(1)

- 들이의 단위에는 리터와 밀리리터가 있습니다. l 리터는 l L, l 밀리리터는 l mL라고 씁니다.

$$l L = 1000 mL$$

l L   l mL

- l L보다 700 mL 더 많은 들이를 l L 700 mL라 쓰고, l 리터 700 밀리리터라고 읽습니다.
  l L 700 mL는 l700 mL와 같습니다.

l L   700 mL   ⇒   l L 700 mL

$$l L 700 mL = l L + 700 mL$$
$$= 1000 mL + 700 mL$$
$$= 1700 mL$$

L와 mL 중 들이를 나타내는 데 알맞은 단위를 ☐ 안에 써넣으시오. (1~6)

1 ⇒ mL   요구르트병

2 ⇒ L   양동이

3 ⇒ mL   종이컵

4 ⇒ mL   물컵

5 ⇒ mL   우유갑

6 ⇒ L   주전자

계산은 빠르고 정확하게!

걸린 시간	1~6분	6~8분	8~10분
맞은 개수	20~22개	16~19개	1~15개
평가	참 잘했어요.	잘했어요.	좀더 노력해요.

다음의 들이를 읽어 보시오. (7~14)

7 3 L ⇒ 3 리터

8 35 L ⇒ 35 리터

9 400 mL ⇒ 400 밀리리터

10 700 mL ⇒ 700 밀리리터

11 2 L 300 mL ⇒ 2 리터 300 밀리리터

12 4 L 500 mL ⇒ 4 리터 500 밀리리터

13 9 L 200 mL ⇒ 9 리터 200 밀리리터

14 6 L 800 mL ⇒ 6 리터 800 밀리리터

다음의 들이를 써 보시오. (15~22)

15 6 리터 ⇒ 6 L

16 7 리터 ⇒ 7 L

17 350 밀리리터 ⇒ 350 mL

18 280 밀리리터 ⇒ 280 mL

19 3 리터 500 밀리리터 ⇒ 3 L 500 mL

20 5 리터 600 밀리리터 ⇒ 5 L 600 mL

21 4 리터 550 밀리리터 ⇒ 4 L 550 mL

22 8 리터 300 밀리리터 ⇒ 8 L 300 mL

---

1 들이의 단위 알아보기(2)

☐ 안에 알맞은 수를 써넣으시오. (1~12)

1 3 L = 3000 mL

2 7 L = 7000 mL

3 2 L 400 mL
= 2 L + 400 mL
= 2000 mL + 400 mL
= 2400 mL

4 3 L 500 mL
= 3 L + 500 mL
= 3000 mL + 500 mL
= 3500 mL

5 4 L 200 mL
= 4 L + 200 mL
= 4000 mL + 200 mL
= 4200 mL

6 5 L 750 mL
= 5 L + 750 mL
= 5000 mL + 750 mL
= 5750 mL

7 3 L 250 mL
= 3 L + 250 mL
= 3000 mL + 250 mL
= 3250 mL

8 7 L 450 mL
= 7 L + 450 mL
= 7000 mL + 450 mL
= 7450 mL

9 3400 mL = 3000 mL + 400 mL
= 3 L + 400 mL
= 3 L 400 mL

10 5200 mL = 5000 mL + 200 mL
= 5 L + 200 mL
= 5 L 200 mL

11 6300 mL = 6000 mL + 300 mL
= 6 L + 300 mL
= 6 L 300 mL

12 4050 mL = 4000 mL + 50 mL
= 4 L + 50 mL
= 4 L 50 mL

계산은 빠르고 정확하게!

걸린 시간	1~8분	8~10분	10~12분
맞은 개수	26~28개	20~25개	1~19개
평가	참 잘했어요.	잘했어요.	좀더 노력해요.

☐ 안에 알맞은 수를 써넣으시오. (13~28)

13 3 L 400 mL = 3400 mL

14 6 L 500 mL = 6500 mL

15 4 L 850 mL = 4850 mL

16 5 L 180 mL = 5180 mL

17 8 L 80 mL = 8080 mL

18 9 L 50 mL = 9050 mL

19 6 L 900 mL = 6900 mL

20 7 L 30 mL = 7030 mL

21 2900 mL = 2 L 900 mL

22 7800 mL = 7 L 800 mL

23 3470 mL = 3 L 470 mL

24 6320 mL = 6 L 320 mL

25 8010 mL = 8 L 10 mL

26 1090 mL = 1 L 90 mL

27 9025 mL = 9 L 25 mL

28 8075 mL = 8 L 75 mL

2 들이의 합과 차 알아보기 (1)

배운 날짜
월 일

들이의 합

2 L 300 mL + 1 L 400 mL
= 3 L 700 mL

```
    2 L  300 mL
+   1 L  400 mL
─────────────
    3 L  700 mL
```

➡ L는 L끼리, mL는 mL끼리 더합니다.
➡ mL끼리의 합이 1000보다 크거나 같으면 1000 mL를 1 L로 받아올림합니다.

들이의 차

5 L 600 mL − 3 L 200 mL
= 2 L 400 mL

```
    5 L  600 mL
−   3 L  200 mL
─────────────
    2 L  400 mL
```

➡ L는 L끼리, mL는 mL끼리 뺍니다.
➡ mL끼리의 뺄 수 없으면 1 L를 1000 mL로 받아내림합니다.

🕐 계산을 하시오. (1 ~ 9)

1
```
    3 L  200 mL
+   2 L  400 mL
─────────────
    5 L  600 mL
```

2
```
    2 L  300 mL
+   4 L  500 mL
─────────────
    6 L  800 mL
```

3
```
    4 L  400 mL
+   3 L  100 mL
─────────────
    7 L  500 mL
```

4
```
    2 L  100 mL
+   5 L  500 mL
─────────────
    7 L  600 mL
```

5
```
    4 L  600 mL
+   3 L  200 mL
─────────────
    7 L  800 mL
```

6
```
    5 L  400 mL
+   3 L  300 mL
─────────────
    8 L  700 mL
```

7
```
    4 L  300 mL
+   4 L  600 mL
─────────────
    8 L  900 mL
```

8
```
    6 L  500 mL
+   3 L  400 mL
─────────────
    9 L  900 mL
```

9
```
    7 L  200 mL
+   1 L  500 mL
─────────────
    8 L  700 mL
```

계산은 빠르고 정확하게!

걸린 시간	1~5분	5~8분	8~10분
맞은 개수	21~23개	17~20개	1~16개
평가	참 잘했어요.	잘했어요.	좀더 노력해요.

🕐 □ 안에 알맞은 수를 써넣으시오. (10 ~ 23)

10 2 L 300 mL + 3 L 400 mL
= 5 L 700 mL

11 3 L 200 mL + 4 L 300 mL
= 7 L 500 mL

12 4 L 100 mL + 2 L 300 mL
= 6 L 400 mL

13 2 L 400 mL + 3 L 400 mL
= 5 L 800 mL

14 6 L 200 mL + 2 L 300 mL
= 8 L 500 mL

15 5 L 400 mL + 4 L 300 mL
= 9 L 700 mL

16 7 L 500 mL + 4 L 200 mL
= 11 L 700 mL

17 9 L 300 mL + 4 L 500 mL
= 13 L 800 mL

18 6 L 400 mL + 7 L 300 mL
= 13 L 700 mL

19 5 L 500 mL + 9 L 400 mL
= 14 L 900 mL

20 8 L 300 mL + 7 L 400 mL
= 15 L 700 mL

21 7 L 400 mL + 9 L 200 mL
= 16 L 600 mL

22 6 L 200 mL + 8 L 700 mL
= 14 L 900 mL

23 9 L 500 mL + 8 L 300 mL
= 17 L 800 mL

2 들이의 합과 차 알아보기 (2)

배운 날짜
월 일

🕐 계산을 하시오. (1 ~ 18)

1
```
    4 L  500 mL
+   2 L  700 mL
─────────────
    7 L  200 mL
```

2
```
    5 L  300 mL
+   3 L  800 mL
─────────────
    9 L  100 mL
```

3
```
    2 L  400 mL
+   5 L  900 mL
─────────────
    8 L  300 mL
```

4
```
    3 L  600 mL
+   2 L  800 mL
─────────────
    6 L  400 mL
```

5
```
    6 L  200 mL
+   3 L  900 mL
─────────────
   10 L  100 mL
```

6
```
    4 L  400 mL
+   5 L  600 mL
─────────────
   10 L
```

7
```
    5 L  500 mL
+   9 L  800 mL
─────────────
   15 L  300 mL
```

8
```
    6 L  700 mL
+   8 L  700 mL
─────────────
   15 L  400 mL
```

9
```
    7 L  800 mL
+   9 L  900 mL
─────────────
   17 L  700 mL
```

10
```
    6 L  425 mL
+   3 L  800 mL
─────────────
   10 L  225 mL
```

11
```
    9 L  600 mL
+   8 L  700 mL
─────────────
   18 L  300 mL
```

12
```
    7 L  800 mL
+   6 L  200 mL
─────────────
   14 L
```

13
```
    4 L  600 mL
+   9 L  545 mL
─────────────
   14 L  145 mL
```

14
```
    5 L  700 mL
+   8 L  400 mL
─────────────
   14 L  100 mL
```

15
```
    8 L  545 mL
+   7 L  900 mL
─────────────
   16 L  445 mL
```

16
```
    9 L  700 mL
+   8 L  800 mL
─────────────
   18 L  500 mL
```

17
```
    8 L  630 mL
+   7 L  620 mL
─────────────
   16 L  250 mL
```

18
```
    9 L  925 mL
+   9 L  965 mL
─────────────
   19 L  890 mL
```

계산은 빠르고 정확하게!

걸린 시간	1~8분	8~12분	12~16분
맞은 개수	29~32개	23~28개	1~22개
평가	참 잘했어요.	잘했어요.	좀더 노력해요.

🕐 □ 안에 알맞은 수를 써넣으시오. (19 ~ 32)

19 3 L 400 mL + 2 L 700 mL
= 6 L 100 mL

20 2 L 300 mL + 4 L 900 mL
= 7 L 200 mL

21 4 L 800 mL + 4 L 700 mL
= 9 L 500 mL

22 5 L 700 mL + 3 L 500 mL
= 9 L 200 mL

23 5 L 600 mL + 2 L 800 mL
= 8 L 400 mL

24 6 L 300 mL + 4 L 800 mL
= 11 L 100 mL

25 3 L 400 mL + 8 L 700 mL
= 12 L 100 mL

26 6 L 400 mL + 9 L 900 mL
= 16 L 300 mL

27 7 L 500 mL + 8 L 800 mL
= 16 L 300 mL

28 9 L 600 mL + 7 L 800 mL
= 17 L 400 mL

29 8 L 600 mL + 7 L 900 mL
= 16 L 500 mL

30 5 L 700 mL + 9 L 800 mL
= 15 L 500 mL

31 9 L 800 mL + 8 L 900 mL
= 18 L 700 mL

32 6 L 700 mL + 8 L 600 mL
= 15 L 300 mL

2 들이의 합과 차 알아보기 (3)

학습 날짜 월 일

계산은 빠르고 정확하게!

걸린 시간	1~8분	8~12분	12~16분
맞은 개수	29~32개	23~28개	1~22개
평가	참 잘했어요	잘했어요	좀더 노력해요

계산을 하시오. (1~18)

1
```
  4 L 300 mL
-  2 L 200 mL
  2 L 100 mL
```

2
```
  5 L 400 mL
-  4 L 100 mL
  1 L 300 mL
```

3
```
  6 L 500 mL
-  2 L 400 mL
  4 L 100 mL
```

4
```
  5 L 600 mL
-  3 L 500 mL
  2 L 100 mL
```

5
```
  6 L 700 mL
-  5 L 200 mL
  1 L 500 mL
```

6
```
  7 L 800 mL
-  3 L 400 mL
  4 L 400 mL
```

7
```
  7 L 700 mL
-  4 L 300 mL
  3 L 400 mL
```

8
```
  8 L 800 mL
-  3 L 500 mL
  5 L 300 mL
```

9
```
  9 L 900 mL
-  4 L 600 mL
  5 L 300 mL
```

10
```
  12 L 850 mL
-  7 L 650 mL
   5 L 200 mL
```

11
```
  14 L 920 mL
-  6 L 340 mL
   8 L 580 mL
```

12
```
  15 L 740 mL
-  8 L 280 mL
   7 L 460 mL
```

13
```
  13 L 800 mL
-  6 L 350 mL
   7 L 450 mL
```

14
```
  11 L 510 mL
-  8 L 270 mL
   3 L 240 mL
```

15
```
  16 L 930 mL
-  9 L 410 mL
   7 L 520 mL
```

16
```
  15 L 740 mL
-  9 L 570 mL
   6 L 170 mL
```

17
```
  16 L 690 mL
-  8 L 325 mL
   8 L 365 mL
```

18
```
  17 L 460 mL
-  9 L 270 mL
   8 L 190 mL
```

□ 안에 알맞은 수를 써넣으시오. (19~32)

19 3 L 400 mL − 1 L 200 mL
= 2 L 200 mL

20 4 L 500 mL − 3 L 200 mL
= 1 L 300 mL

21 5 L 300 mL − 2 L 100 mL
= 3 L 200 mL

22 6 L 700 mL − 4 L 200 mL
= 2 L 500 mL

23 7 L 600 mL − 3 L 300 mL
= 4 L 300 mL

24 8 L 900 mL − 5 L 400 mL
= 3 L 500 mL

25 10 L 800 mL − 2 L 500 mL
= 8 L 300 mL

26 12 L 400 mL − 7 L 200 mL
= 5 L 200 mL

27 15 L 700 mL − 8 L 300 mL
= 7 L 400 mL

28 13 L 600 mL − 4 L 300 mL
= 9 L 300 mL

29 16 L 300 mL − 9 L 100 mL
= 7 L 200 mL

30 14 L 800 mL − 9 L 600 mL
= 5 L 200 mL

31 17 L 700 mL − 8 L 400 mL
= 9 L 300 mL

32 13 L 900 mL − 9 L 700 mL
= 4 L 200 mL

---

2 들이의 합과 차 알아보기 (4)

학습 날짜 월 일

계산은 빠르고 정확하게!

걸린 시간	1~10분	10~15분	15~20분
맞은 개수	29~32개	23~28개	1~22개
평가	참 잘했어요	잘했어요	좀더 노력해요

계산을 하시오. (1~18)

1
```
     5  1000
  6 L 200 mL
-  2 L 400 mL
  3 L 800 mL
```

2
```
     7  1000
  8 L 400 mL
-  3 L 500 mL
  4 L 900 mL
```

3
```
     6  1000
  7 L 500 mL
-  4 L 700 mL
  2 L 800 mL
```

4
```
     6  1000
  7 L 300 mL
-  2 L 450 mL
  4 L 850 mL
```

5
```
     7  1000
  8 L 500 mL
-  3 L 750 mL
  4 L 750 mL
```

6
```
     8  1000
  9 L 600 mL
-  5 L 950 mL
  3 L 650 mL
```

7
```
     7  1000
  8 L 450 mL
-  2 L 700 mL
  5 L 750 mL
```

8
```
     8  1000
  9 L 550 mL
-  4 L 900 mL
  4 L 650 mL
```

9
```
     6  1000
  7 L 320 mL
-  4 L 600 mL
  2 L 720 mL
```

10
```
     11  1000
  12 L 400 mL
-  3 L 650 mL
   8 L 750 mL
```

11
```
     14  1000
  15 L 500 mL
-  7 L 850 mL
   7 L 650 mL
```

12
```
     15  1000
  16 L 600 mL
-  9 L 750 mL
   6 L 850 mL
```

13
```
     12  1000
  13 L 420 mL
-  8 L 570 mL
   4 L 850 mL
```

14
```
     13  1000
  14 L 630 mL
-  6 L 850 mL
   7 L 780 mL
```

15
```
     14  1000
  15 L 240 mL
-  7 L 420 mL
   7 L 820 mL
```

16
```
     15  1000
  16 L 350 mL
-  8 L 740 mL
   7 L 610 mL
```

17
```
     16  1000
  17 L 430 mL
-  9 L 770 mL
   7 L 660 mL
```

18
```
     17  1000
  18 L 520 mL
-  8 L 960 mL
   9 L 560 mL
```

□ 안에 알맞은 수를 써넣으시오. (19~32)

19 8 L 300 mL − 2 L 800 mL
= 5 L 500 mL

20 7 L 400 mL − 3 L 600 mL
= 3 L 800 mL

21 9 L 200 mL − 4 L 600 mL
= 4 L 600 mL

22 6 L 100 mL − 2 L 900 mL
= 3 L 200 mL

23 8 L 400 mL − 5 L 800 mL
= 2 L 600 mL

24 9 L 500 mL − 7 L 800 mL
= 1 L 700 mL

25 12 L 300 mL − 6 L 900 mL
= 5 L 400 mL

26 13 L 400 mL − 5 L 700 mL
= 7 L 700 mL

27 15 L 200 mL − 7 L 400 mL
= 7 L 800 mL

28 14 L 600 mL − 8 L 900 mL
= 5 L 700 mL

29 11 L 500 mL − 4 L 600 mL
= 6 L 900 mL

30 12 L 200 mL − 7 L 400 mL
= 4 L 800 mL

31 16 L 400 mL − 8 L 700 mL
= 7 L 700 mL

32 15 L 300 mL − 9 L 900 mL
= 5 L 400 mL

정답

3 무게의 단위 알아보기(1)

학습 날짜
월 일

📌 **무게의 단위 kg과 g 알아보기**

• 무게의 단위에는 킬로그램과 그램이 있습니다. 1 킬로그램은 1 kg, 1 그램은 1 g이라고 씁니다. 1 킬로그램은 1000 그램과 같습니다.

$$1 \text{ kg} = 1000 \text{ g}$$

1 kg   1 g

• 1 kg보다 200 g 더 무거운 무게를 1 kg 200 g이라 쓰고, 1 킬로그램 200 그램이라고 읽습니다. 1 kg 200 g은 1200 g과 같습니다.

$$1 \text{ kg } 200 \text{ g} = 1 \text{ kg} + 200 \text{ g} = 1000 \text{ g} + 200 \text{ g} = 1200 \text{ g}$$

📌 **무게의 단위 t 알아보기**

• 1000 kg의 무게를 1 t이라 쓰고 1 톤이라고 읽습니다.

1 t $1000 \text{ kg} = 1 \text{ t}$

🕐 다음의 무게를 읽어 보시오. (1~6)

1 500 g ➡ 500 그램

2 680 g ➡ 680 그램

3 2 kg 300 g ➡ 2 킬로그램 300 그램

4 5 kg 250 g ➡ 5 킬로그램 250 그램

5 4 t ➡ 4 톤

6 6 t 200 kg ➡ 6 톤 200 킬로그램

🕐 다음의 무게를 써 보시오. (7~12)

7 250 그램 ➡ 250 g

8 920 그램 ➡ 920 g

9 3 킬로그램 ➡ 3 kg

10 8 톤 ➡ 8 t

11 7 킬로그램 400 그램 ➡ 7 kg 400 g

12 5 톤 600 킬로그램 ➡ 5 t 600 kg

🕐 계산은 빠르고 정확하게!

걸린 시간	1~5분	5~8분	8~10분
맞은 개수	19~20개	14~18개	1~13개
평가	참 잘했어요.	잘했어요.	좀더 노력해요.

🕐 저울의 눈금을 읽어 보시오. (13~20)

13
400 g

14
800 g

15
900 g

16
1300 g

17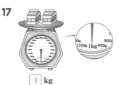
1 kg

18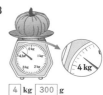
4 kg 300 g

19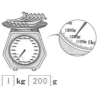
1 kg 200 g

20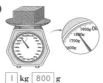
1 kg 800 g

---

3 무게의 단위 알아보기(2)

학습 날짜
월 일

🕐 □ 안에 알맞은 수를 써넣으시오. (1~18)

1 1 kg = 1000 g

2 3 kg = 3000 g

3 5 kg = 5000 g

4 7 kg = 7000 g

5 2 kg 500 g = 2500 g

6 4 kg 700 g = 4700 g

7 6 kg 250 g = 6250 g

8 8 kg 750 g = 8750 g

9 2000 g = 2 kg

10 5000 g = 5 kg

11 7000 g = 7 kg

12 9000 g = 9 kg

13 3200 g = 3 kg 200 g

14 2700 g = 2 kg 700 g

15 6320 g = 6 kg 320 g

16 7580 g = 7 kg 580 g

17 4275 g = 4 kg 275 g

18 8565 g = 8 kg 565 g

🕐 계산은 빠르고 정확하게!

걸린 시간	1~6분	6~9분	9~12분
맞은 개수	33~36개	26~32개	1~25개
평가	참 잘했어요.	잘했어요.	좀더 노력해요.

🕐 □ 안에 알맞은 수를 써넣으시오. (19~36)

19 1 t = 1000 kg

20 4 t = 4000 kg

21 7 t = 7000 kg

22 9 t = 9000 kg

23 2 t 300 kg = 2300 kg

24 5 t 600 kg = 5600 kg

25 6 t 750 kg = 6750 kg

26 8 t 420 kg = 8420 kg

27 3000 kg = 3 t

28 6000 kg = 6 t

29 5000 kg = 5 t

30 9000 kg = 9 t

31 4200 kg = 4 t 200 kg

32 5700 kg = 5 t 700 kg

33 3250 kg = 3 t 250 kg

34 7650 kg = 7 t 650 kg

35 2357 kg = 2 t 357 kg

36 8425 kg = 8 t 425 kg

4 무게의 합과 차 알아보기 (1)

학습 날짜
월 일

무게의 합
5 kg 400 g + 3 kg 200 g
= 8 kg 600 g

```
   5 kg  400 g
+  3 kg  200 g
   8 kg  600 g
```

➡ kg은 kg끼리, g은 g끼리 더합니다.
➡ g끼리의 합이 1000보다 크거나 같으면 1000 g을 1 kg으로 받아올림합니다.

무게의 차
5 kg 400 g − 3 kg 200 g
= 2 kg 200 g

```
   5 kg  400 g
−  3 kg  200 g
   2 kg  200 g
```

➡ kg은 kg끼리, g은 g끼리 뺍니다.
➡ g끼리 뺄 수 없으면 1 kg을 1000 g으로 받아내림합니다.

🕐 계산을 하시오. (1~9)

1
```
   2 kg  300 g
+  3 kg  400 g
   5 kg  700 g
```

2
```
   3 kg  400 g
+  4 kg  200 g
   7 kg  600 g
```

3
```
   5 kg  500 g
+  1 kg  300 g
   6 kg  800 g
```

4
```
   3 kg  200 g
+  5 kg  600 g
   8 kg  800 g
```

5
```
   4 kg  400 g
+  2 kg  400 g
   6 kg  800 g
```

6
```
   5 kg  600 g
+  3 kg  300 g
   8 kg  900 g
```

7
```
   8 kg  150 g
+  4 kg  420 g
  12 kg  570 g
```

8
```
   7 kg  430 g
+  5 kg  380 g
  12 kg  810 g
```

9
```
   9 kg  520 g
+  6 kg  390 g
  15 kg  910 g
```

계산은 빠르고 정확하게!

걸린 시간	1~5분	5~8분	8~10분
맞은 개수	21~23개	17~20개	1~16개
평가	참 잘했어요.	잘했어요.	좀더 노력해요.

🕐 ☐ 안에 알맞은 수를 써넣으시오. (10~23)

10 3 kg 400 g + 4 kg 500 g
= [7] kg [900] g

11 4 kg 200 g + 5 kg 300 g
= [9] kg [500] g

12 5 kg 300 g + 2 kg 600 g
= [7] kg [900] g

13 2 kg 500 g + 4 kg 200 g
= [6] kg [700] g

14 6 kg 200 g + 4 kg 700 g
= [10] kg [900] g

15 8 kg 400 g + 5 kg 400 g
= [13] kg [800] g

16 5 kg 250 g + 4 kg 330 g
= [9] kg [580] g

17 6 kg 340 g + 7 kg 540 g
= [13] kg [880] g

18 7 kg 440 g + 8 kg 320 g
= [15] kg [760] g

19 8 kg 270 g + 2 kg 420 g
= [10] kg [690] g

20 6 kg 540 g + 3 kg 370 g
= [9] kg [910] g

21 5 kg 240 g + 8 kg 480 g
= [13] kg [720] g

22 9 kg 380 g + 7 kg 540 g
= [16] kg [920] g

23 8 kg 670 g + 9 kg 250 g
= [17] kg [920] g

---

4 무게의 합과 차 알아보기 (2)

학습 날짜
월 일

🕐 계산을 하시오. (1~18)

1
```
   2 kg  500 g
+  4 kg  600 g
   7 kg  100 g
```

2
```
   3 kg  600 g
+  5 kg  700 g
   9 kg  300 g
```

3
```
   4 kg  800 g
+  3 kg  400 g
   8 kg  200 g
```

4
```
   3 kg  400 g
+  5 kg  900 g
   9 kg  300 g
```

5
```
   4 kg  700 g
+  8 kg  500 g
  13 kg  200 g
```

6
```
   6 kg  800 g
+  7 kg  700 g
  14 kg  500 g
```

7
```
   3 kg  520 g
+  6 kg  700 g
  10 kg  220 g
```

8
```
   5 kg  870 g
+  4 kg  400 g
  10 kg  270 g
```

9
```
   7 kg  640 g
+  8 kg  900 g
  16 kg  540 g
```

10
```
   4 kg  700 g
+  5 kg  830 g
  10 kg  530 g
```

11
```
   6 kg  800 g
+  7 kg  640 g
  14 kg  440 g
```

12
```
   8 kg  900 g
+  9 kg  720 g
  18 kg  620 g
```

13
```
   5 kg  320 g
+  3 kg  890 g
   9 kg  210 g
```

14
```
   6 kg  470 g
+  2 kg  850 g
   9 kg  320 g
```

15
```
   7 kg  670 g
+  2 kg  830 g
  10 kg  500 g
```

16
```
   7 kg  925 g
+  4 kg  630 g
  12 kg  555 g
```

17
```
   8 kg  865 g
+  7 kg  955 g
  16 kg  820 g
```

18
```
   9 kg  375 g
+  8 kg  945 g
  18 kg  320 g
```

계산은 빠르고 정확하게!

걸린 시간	1~8분	8~12분	12~16분
맞은 개수	29~32개	23~28개	1~22개
평가	참 잘했어요.	잘했어요.	좀더 노력해요.

🕐 ☐ 안에 알맞은 수를 써넣으시오. (19~32)

19 4 kg 300 g + 3 kg 800 g
= [8] kg [100] g

20 5 kg 400 g + 3 kg 700 g
= [9] kg [100] g

21 2 kg 500 g + 4 kg 900 g
= [7] kg [400] g

22 3 kg 800 g + 6 kg 600 g
= [10] kg [400] g

23 6 kg 250 g + 3 kg 900 g
= [10] kg [150] g

24 7 kg 540 g + 6 kg 800 g
= [14] kg [340] g

25 8 kg 300 g + 5 kg 960 g
= [14] kg [260] g

26 9 kg 700 g + 6 kg 830 g
= [16] kg [530] g

27 3 kg 720 g + 4 kg 840 g
= [8] kg [560] g

28 4 kg 650 g + 5 kg 730 g
= [10] kg [380] g

29 6 kg 370 g + 5 kg 750 g
= [12] kg [120] g

30 8 kg 580 g + 8 kg 640 g
= [17] kg [220] g

31 7 kg 245 g + 8 kg 867 g
= [16] kg [112] g

32 9 kg 758 g + 7 kg 648 g
= [17] kg [406] g

4 무게의 합과 차 알아보기 (3)

월 일

계산은 빠르고 정확하게!

걸린 시간	1~8분	8~12분	12~16분
맞은 개수	29~32개	23~28개	1~22개
평가	참 잘했어요	잘했어요	좀더 노력해요

계산을 하시오. (1~18)

1
```
   5 kg   400 g
 − 2 kg   200 g
   3 kg   200 g
```

2
```
   6 kg   500 g
 − 1 kg   400 g
   5 kg   100 g
```

3
```
   7 kg   600 g
 − 3 kg   200 g
   4 kg   400 g
```

4
```
   8 kg   500 g
 − 2 kg   300 g
   6 kg   200 g
```

5
```
   9 kg   600 g
 − 4 kg   400 g
   5 kg   200 g
```

6
```
  10 kg   800 g
 − 3 kg   500 g
   7 kg   300 g
```

7
```
   4 kg   350 g
 − 2 kg   200 g
   2 kg   150 g
```

8
```
   6 kg   570 g
 − 3 kg   400 g
   3 kg   170 g
```

9
```
   8 kg   740 g
 − 4 kg   500 g
   4 kg   240 g
```

10
```
   7 kg   400 g
 − 2 kg   260 g
   5 kg   140 g
```

11
```
   8 kg   600 g
 − 5 kg   380 g
   3 kg   220 g
```

12
```
   9 kg   700 g
 − 3 kg   470 g
   6 kg   230 g
```

13
```
  12 kg   520 g
 − 8 kg   370 g
   4 kg   150 g
```

14
```
  13 kg   640 g
 − 7 kg   290 g
   6 kg   350 g
```

15
```
  15 kg   730 g
 − 8 kg   480 g
   7 kg   250 g
```

16
```
  14 kg   675 g
 − 8 kg   248 g
   6 kg   427 g
```

17
```
  16 kg   536 g
 − 7 kg   345 g
   9 kg   191 g
```

18
```
  18 kg   754 g
 − 9 kg   368 g
   9 kg   386 g
```

□ 안에 알맞은 수를 써넣으시오. (19~32)

19 4 kg 500 g − 1 kg 300 g
= ⟨3⟩ kg ⟨200⟩ g

20 4 kg 500 g − 1 kg 300 g
= ⟨3⟩ kg ⟨200⟩ g

21 6 kg 400 g − 2 kg 100 g
= ⟨4⟩ kg ⟨300⟩ g

22 7 kg 800 g − 3 kg 500 g
= ⟨4⟩ kg ⟨300⟩ g

23 8 kg 600 g − 4 kg 250 g
= ⟨4⟩ kg ⟨350⟩ g

24 9 kg 700 g − 3 kg 450 g
= ⟨6⟩ kg ⟨250⟩ g

25 6 kg 370 g − 3 kg 240 g
= ⟨3⟩ kg ⟨130⟩ g

26 7 kg 820 g − 5 kg 360 g
= ⟨2⟩ kg ⟨460⟩ g

27 10 kg 450 g − 5 kg 270 g
= ⟨5⟩ kg ⟨180⟩ g

28 12 kg 640 g − 7 kg 270 g
= ⟨5⟩ kg ⟨370⟩ g

29 15 kg 720 g − 6 kg 590 g
= ⟨9⟩ kg ⟨130⟩ g

30 14 kg 530 g − 8 kg 360 g
= ⟨6⟩ kg ⟨170⟩ g

31 16 kg 625 g − 9 kg 475 g
= ⟨7⟩ kg ⟨150⟩ g

32 17 kg 745 g − 8 kg 375 g
= ⟨9⟩ kg ⟨370⟩ g

4 무게의 합과 차 알아보기 (4)

월 일

계산은 빠르고 정확하게!

걸린 시간	1~10분	10~15분	15~20분
맞은 개수	29~32개	23~28개	1~22개
평가	참 잘했어요	잘했어요	좀더 노력해요

계산을 하시오. (1~18)

1
```
      5   1000
    6 kg   200 g
  − 3 kg   800 g
    2 kg   400 g
```

2
```
      6   1000
    7 kg   400 g
  − 4 kg   700 g
    2 kg   700 g
```

3
```
      7   1000
    8 kg   500 g
  − 6 kg   900 g
    1 kg   600 g
```

4
```
      4   1000
    5 kg   250 g
  − 4 kg   800 g
          450 g
```

5
```
      5   1000
    6 kg   350 g
  − 2 kg   700 g
    3 kg   650 g
```

6
```
      6   1000
    7 kg   470 g
  − 3 kg   800 g
    3 kg   670 g
```

7
```
      6   1000
    7 kg   300 g
  − 1 kg   750 g
    5 kg   550 g
```

8
```
      7   1000
    8 kg   500 g
  − 3 kg   850 g
    4 kg   650 g
```

9
```
      8   1000
    9 kg   600 g
  − 5 kg   950 g
    3 kg   650 g
```

10
```
     11   1000
   12 kg   150 g
  − 4 kg   380 g
    7 kg   770 g
```

11
```
     12   1000
   13 kg   270 g
  − 7 kg   630 g
    5 kg   640 g
```

12
```
     13   1000
   14 kg   420 g
  − 5 kg   670 g
    8 kg   750 g
```

13
```
     12   1000
   13 kg   360 g
  − 6 kg   580 g
    6 kg   780 g
```

14
```
     13   1000
   14 kg   540 g
  − 8 kg   690 g
    5 kg   850 g
```

15
```
     15   1000
   16 kg   620 g
  − 9 kg   850 g
    6 kg   770 g
```

16
```
     14   1000
   15 kg   325 g
  − 8 kg   570 g
    6 kg   755 g
```

17
```
     16   1000
   17 kg   450 g
  − 6 kg   685 g
   10 kg   765 g
```

18
```
     15   1000
   16 kg   215 g
  − 7 kg   628 g
    8 kg   587 g
```

□ 안에 알맞은 수를 써넣으시오. (19~32)

19 5 kg 400 g − 2 kg 700 g
= ⟨2⟩ kg ⟨700⟩ g

20 6 kg 300 g − 4 kg 800 g
= ⟨1⟩ kg ⟨500⟩ g

21 7 kg 350 g − 3 kg 600 g
= ⟨3⟩ kg ⟨750⟩ g

22 8 kg 550 g − 5 kg 900 g
= ⟨2⟩ kg ⟨650⟩ g

23 6 kg 500 g − 3 kg 750 g
= ⟨2⟩ kg ⟨750⟩ g

24 9 kg 200 g − 6 kg 550 g
= ⟨2⟩ kg ⟨650⟩ g

25 10 kg 270 g − 6 kg 430 g
= ⟨3⟩ kg ⟨840⟩ g

26 12 kg 320 g − 5 kg 610 g
= ⟨6⟩ kg ⟨710⟩ g

27 11 kg 420 g − 3 kg 580 g
= ⟨7⟩ kg ⟨840⟩ g

28 13 kg 540 g − 7 kg 860 g
= ⟨5⟩ kg ⟨680⟩ g

29 14 kg 325 g − 8 kg 645 g
= ⟨5⟩ kg ⟨680⟩ g

30 15 kg 635 g − 7 kg 860 g
= ⟨7⟩ kg ⟨775⟩ g

31 13 kg 527 g − 9 kg 743 g
= ⟨3⟩ kg ⟨784⟩ g

32 16 kg 424 g − 8 kg 738 g
= ⟨7⟩ kg ⟨686⟩ g

5 신기한 연산

걸린 시간	1~10분	10~15분	15~20분
맞은 개수	4개	3개	1~2개
평가	참 잘했어요.	잘했어요.	좀더 노력해요.

계산은 빠르고 정확하게!

양팔 저울과 **3개**의 추를 사용하여 무게를 재려고 합니다. 물음에 답하시오. **(1~2)**

 100 g 140 g 200 g

1 주어진 **3개**의 추 중 **2개**를 사용하여 잴 수 있는 무게를 모두 구하시오.

100 g + 140 g = 240 g   140 g − 100 g = 40 g

100 g + 200 g = 300 g   200 g − 100 g = 100 g

140 g + 200 g = 340 g   200 g − 140 g = 60 g

2 주어진 **3개**의 추를 모두 사용하여 잴 수 있는 무게를 모두 구하시오.

100 g + 140 g − 200 g = 40 g

100 g + 200 g − 140 g = 160 g

140 g + 200 g − 100 g = 240 g

100 g + 140 g + 200 g = 440 g

주어진 **3개**의 그릇을 사용하여 물의 양을 재려고 합니다. 물음에 답하시오. **(3~4)**

 1 L 400 mL   2 L 700 mL   3 L 800 mL

3 주어진 **3개**의 그릇 중 **2개**를 사용하여 잴 수 있는 양을 모두 구하시오.

1 L 400 mL + 2 L 700 mL = 4 L 100 mL

1 L 400 mL + 3 L 800 mL = 5 L 200 mL

2 L 700 mL + 3 L 800 mL = 6 L 500 mL

2 L 700 mL − 1 L 400 mL = 1 L 300 mL

3 L 800 mL − 1 L 400 mL = 2 L 400 mL

3 L 800 mL − 2 L 700 mL = 1 L 100 mL

4 주어진 **3개**의 그릇을 모두 사용하여 잴 수 있는 양을 모두 구하시오.

1 L 400 mL + 2 L 700 mL − 3 L 800 mL = 300 mL

1 L 400 mL + 3 L 800 mL − 2 L 700 mL = 2 L 500 mL

2 L 700 mL + 3 L 800 mL − 1 L 400 mL = 5 L 100 mL

1 L 400 mL + 2 L 700 mL + 3 L 800 mL = 7 L 900 mL

확인 평가

걸린 시간	1~15분	15~20분	20~25분
맞은 개수	42~46개	33~41개	1~32개
평가	참 잘했어요.	잘했어요.	좀더 노력해요.

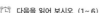 다음을 읽어 보시오. **(1~6)**

1 4 L ➡ 4 리터

2 520 mL ➡ 520 밀리리터

3 7 L 300 mL ➡ 7 리터 300 밀리리터

4 300 g ➡ 300 그램

5 2 kg 600 g ➡ 2 킬로그램 600 그램

6 5 t 200 kg ➡ 5 톤 200 킬로그램

□ 안에 알맞은 수를 써넣으시오. **(7~18)**

7 5 L = 5000 mL

8 3 L 400 mL = 3400 mL

9 4 L 20 mL = 4020 mL

10 3000 mL = 3 L

11 6300 mL = 6 L 300 mL

12 7050 mL = 7 L 50 mL

13 3 kg = 3000 g

14 2 kg 600 g = 2600 g

15 5 kg 40 g = 5040 g

16 8000 g = 8 kg

17 9200 g = 9 kg 200 g

18 7035 g = 7 kg 35 g

들이의 합과 차를 구하시오. **(19~32)**

19
```
    4 L 200 mL
  + 2 L 500 mL
  ------------
    6 L 700 mL
```

20
```
    8 L 400 mL
  − 7 L 100 mL
  ------------
    1 L 300 mL
```

21
```
      1
    2 L 800 mL
  + 4 L 900 mL
  ------------
    7 L 700 mL
```

22
```
      6  1000
    7 L 500 mL
  − 4 L 900 mL
  ------------
    2 L 600 mL
```

23
```
      1
    2 L 850 mL
  + 5 L 400 mL
  ------------
    8 L 250 mL
```

24
```
      8  1000
    9 L 300 mL
  − 1 L 550 mL
  ------------
    7 L 750 mL
```

25
```
      1
    4 L 260 mL
  + 4 L 890 mL
  ------------
    9 L 150 mL
```

26
```
      8  1000
    9 L 450 mL
  − 2 L 980 mL
  ------------
    6 L 470 mL
```

27 2 L 400 mL + 2 L 800 mL
= 5 L 200 mL

28 5 L 400 mL − 2 L 600 mL
= 2 L 800 mL

29 4 L 350 mL + 2 L 900 mL
= 7 L 250 mL

30 7 L 550 mL − 4 L 800 mL
= 2 L 750 mL

31 2 L 950 mL + 6 L 750 mL
= 9 L 700 mL

32 4 L 850 mL − 1 L 950 mL
= 2 L 900 mL

 확인 평가

🕐 무게의 합과 차를 구하시오. (33 ~ 46)

33
```
    3 kg   500 g
 +  7 kg   200 g
 ─────────────────
   10 kg   700 g
```

34
```
    7 kg   600 g
 -  3 kg   200 g
 ─────────────────
    4 kg   400 g
```

35
```
    1
    7 kg   400 g
 +  3 kg   900 g
 ─────────────────
   11 kg   300 g
```

36
```
    8 kg   700 g
 -  4 kg   100 g
 ─────────────────
    4 kg   600 g
```

37
```
    1
    8 kg   900 g
 +  1 kg   600 g
 ─────────────────
   10 kg   500 g
```

38
```
    5   1000
    6 kg   300 g
 -  5 kg   400 g
 ─────────────────
            900 g
```

39
```
    1
    7 kg   200 g
 +  6 kg   900 g
 ─────────────────
   14 kg   100 g
```

40
```
   10   1000
   11 kg   450 g
 -  9 kg   980 g
 ─────────────────
    1 kg   470 g
```

41 5 kg 300 g + 6 kg 900 g
= 12 kg 200 g

42 9 kg 700 g − 3 kg 900 g
= 5 kg 800 g

43 6 kg 500 g + 7 kg 800 g
= 14 kg 300 g

44 7 kg 300 g − 4 kg 500 g
= 2 kg 800 g

45 4 kg 550 g + 8 kg 750 g
= 13 kg 300 g

46 15 kg 50 g − 11 kg 850 g
= 3 kg 200 g

👑 크라운 온라인 평가 응시 방법

에듀왕닷컴 접속 www.eduwang.com
⬇
메인 상단 메뉴에서 단원평가 클릭
⬇
단계 및 단원 선택
⬇
온라인 단원평가 실시(30분 동안 평가 실시)
⬇
크라운 확인

🐰 각 단원평가를 통해 100점을 받으시면 크라운 1개를 드리며, 획득하신 크라운으로 에듀왕 닷컴에서 판매하고 있는 교재 및 서비스를 무료로 구매하실 수 있습니다.

(크라운 1개 – 1000원)

초등 수학의 기본은 연산력!!

신기한 **연산왕**

C-2 초3 수준 **정답**